U0454985

湖南省
水旱灾害防御
应急知识及抢险技术

HUNAN SHENG
SHUIHAN ZAIHAI FANGYU
YINGJI ZHISHI JI QIANGXIAN JISHU

◎ 赵伟明 魏永强 申志高 谭 军 主编

湖南大学出版社·长沙

内 容 简 介

本书讲述的是水旱灾害防御与应急抢险等方面的知识，全书共四篇，包括雨情篇、防洪篇、抗旱篇、抢险篇。它除了能使公众更好地了解应对水旱灾害的安全知识外，也可供基层水利工程管理与应急抢险等技术人员参考。

图书在版编目（CIP）数据

湖南省水旱灾害防御应急知识及抢险技术/赵伟明等主编．—长沙：湖南大学出版社，2021.12
ISBN 978-7-5667-2340-6

Ⅰ.①湖… Ⅱ.①赵… Ⅲ.①水灾—灾害防治—湖南 ②干旱—灾害防治—湖南 Ⅳ.①P426.616

中国版本图书馆 CIP 数据核字（2021）第 223416 号

湖南省水旱灾害防御应急知识及抢险技术
HUNAN SHENG SHUIHAN ZAIHAI FANGYU YINGJI ZHISHI JI QIANGXIAN JISHU

主　　编：赵伟明　魏永强　申志高　谭　军
策划编辑：卢　宇
责任编辑：陈　燕
印　　装：湖南省众鑫印务有限公司
开　　本：880 mm×1230 mm　1/32　印　张：5　字　数：100 千字
版　　次：2021 年 12 月第 1 版　　印　次：2021 年 12 月第 1 次印刷
书　　号：ISBN 978-7-5667-2340-6
定　　价：38.00 元

出 版 人：李文邦
出版发行：湖南大学出版社
社　　址：湖南·长沙·岳麓山　　邮　　编：410082
电　　话：0731-88822559（营销部），88821315（编辑室），88821006（出版部）
传　　真：0731-88822264（总编室）
网　　址：http://www.hnupress.com
电子邮箱：258204748@qq.com

前言

　　党的十八大以来，以习近平同志为核心的党中央高度重视防灾、减灾、救灾工作，对此提出了一系列明确要求，作出了一系列重大部署，推出了一系列重大举措。2016年7月，习近平总书记提出了防灾、减灾、救灾中"两个坚持、三个转变"的新理念：坚持以防为主，防抗救相结合，坚持常态减灾和非常态救灾相统一；从注重灾后救助向注重灾前预防转变，从应对单一灾种向应对综合减灾转变，从减少灾害损失向减轻灾害风险转变。

　　党的十九大报告把"坚持人与自然和谐共生"纳入新时代坚持和发展中国特色社会主义的基本方略，把水利工程摆在九大基础设施网络建设之首，对治水兴水作出了一系列重大战略部署，强调要树立安全发展理念，弘扬生命至上、安全第一的思想，提升防灾、减灾、救灾能力。

近年来，受全球气候环境变化影响，世界各地极端天气事件频发，水旱灾害防御工作面临着严峻挑战。水资源分布不均更加明显，水旱灾害的突发性、反常性和不确定性日趋凸显，局地突发强降雨、严重干旱、高温热浪等极端事件明显增多，往往是多灾并发、重灾频发、旱涝急转，灾害影响日益加剧，防御难度不断加大。特别是极端水灾、旱灾的发生越来越频繁，影响越来越突出。

践行新理念，坚持以防为主，坚持人民至上、生命至上，充分发挥预测预报、水工程调度的作用，为抢险救援提供技术支撑，全力保障人民生命财产安全。为了使公众更多地了解应对水旱灾害防御的基本知识，提高基层水利工程管理人员及应急抢险人员的应急抢险技术，特编制本书。

本书共四篇，第一篇由赵伟明负责编写，第二篇由魏永强负责编写，第三篇由赵伟明、谭军负责编写，第四篇由申志高负责编写，薛世福、周煌等人参与了部分编写工作。

受编者水平所限，书中难免存在不少错误和欠妥之处，恳请读者批评指正。

编者

2021 年 5 月于长沙

目次 Contents

第一篇　雨情篇

一、基本知识

第二篇　防洪篇

一、基本知识

二、洪水灾害知识

三、涝渍灾害知识

四、山洪地质灾害知识

第三篇　抗旱篇

一、基本知识

第四篇　抢险篇

一、水利工程基本知识

二、堤防工程主要险情认识

三、水库工程主要险情认识

四、堤防工程主要险情抢护方法

五、水库工程主要险情抢护方法

第一篇　雨情篇

一

基本知识

1. 什么是降水量？

降水量是指某一时段内，从天空降落到地面上的水未经蒸发、渗透、流失而在单位水平面上积聚的深度。雪、雹等固态的水，折成液态计算。一般以毫米（mm）为单位。

2. 什么是雨量？

一定时段内，降落到水平地面上（假定无蒸发、渗漏、流失等）的雨水深度叫作雨量。如日降雨量是在一日内降落在某单位面积上的总雨量。此外，还常有年降雨量、月降雨量以及时段降雨量等。若将逐日雨量累积相加，则可得出旬、月和年雨量。次降雨量是指某次连续降雨的总量。雨量用雨量计或雨量器测定，以毫米为单位。降雨量的观测可分为24段［1 h（小时）一次］、8段（3 h一次）、4段（6 h一次）及1段（24 h一次）等4种。

日降雨量的统计时段有 20：00~次日 20：00 和 08：00~次日 08：00 两种。目前，我国电视和广播节目中发布的日降雨量为 08：00~次日 08：00 这一时段，代表前一天的雨量。

3. 什么是降雨历时?

降雨历时是指一次降雨的持续时间，即一场降雨自开始至结束经历的时间。一般以分钟（min）、小时（h）为单位。

4. 什么是降雨时间?

降雨时间是指对应某一降雨量而言的时段，在此时间内，降雨并不一定是持续的。一般以分钟、小时为单位。

5. 什么是降雨强度?

降雨强度是指单位时间内的降雨量，一般以毫米每分钟（mm/min）或毫米每小时（mm/h）为单位。

6. 什么是降雨面积与暴雨中心?

降雨面积是指某次降雨所笼罩的水平面积，以平方千米（km^2）为单位计。

暴雨中心是指暴雨强度较集中的局部地区。

7. 降雨量等级是怎么划分的?

降雨量按 24 h、12 h 两个时段进行划分。

降雨分为微量降雨（零星小雨）、小雨、中雨、大雨、暴雨、大暴雨、特大暴雨七个等级。一般在 24 h 内，降水量小于 0.1 mm 为微量降雨，0.1~9.9 mm 为小雨，10~24.9 mm 为中雨，25~49.9 mm 为大雨，50~99.9 mm 为暴雨，100~249.9 mm 为大暴雨，250 mm 及以上为特大暴雨。如图 1-1 所示。

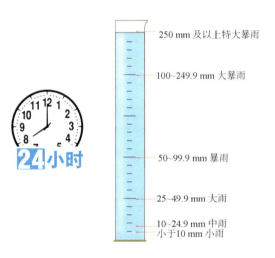

图1-1　降雨量的等级划分

8.1 mm 雨量相当于多少水量?

气象学中的雨量，就是在一定时段内，降落到水平面上（假设无蒸发、渗漏、流失等）的雨水深度。它用雨量计测定，以毫米为单位。据计算，1 mm 雨量等于 1 亩（1 亩 =666.67 m²）田浇灌 667 公斤（kg）水，即相当于浇了 13 担多水。

9. 100 mm 雨量使集雨面积为 1 km² 的水库产生多少水量?

在不考虑水量损失的情况下,100 mm(指一次降雨过程)雨量使集雨面积为 1 km² 的水库产生的来水量为: $V = F_{集雨面积} \times P_{降雨量}$

集雨面积换算: $F_{集雨面积} = 1\ km^2 = 1\ 000\ m \times 1\ 000\ m = 1\ 000\ 000\ m^2$

降雨量换算: $P_{降雨量} = 100\ mm = 0.1\ m$

$F_{集雨面积} \times P_{降雨量} = 10^6\ m^2 \times 0.1\ m = 10^5\ m^3$

也就是说,在不计任何水量损失的情况下,100 mm 的雨量使集雨面积为 1 km² 的水库形成的来水量为 10 万方($10^5\ m^3$)。

10. 什么是厄尔尼诺现象和拉尼娜现象?

厄尔尼诺现象是指赤道附近中、东太平洋海域发生的大范围持续性海表温度异常升高的现象,也就是海水异常偏暖。与这一现象相反,该海域海表温度异常偏低,即海水异常偏冷,则称为拉尼娜现象。

一般是厄尔尼诺现象发生在先,拉尼娜现象随后发生。通常拉尼娜现象也被称为反厄尔尼诺现象。厄尔尼诺现象也被称为"圣婴",拉尼娜现象被称为"圣女"。

11. 在业务实践中暴雨如何分类?

在业务实践中,根据发生和影响范围的大小将暴雨划分为：局地暴雨、区域性暴雨、大范围暴雨、特大范围暴雨。

局地暴雨历时仅几个小时至几十个小时，一般会影响几十至几千平方千米，造成的危害较轻。但当降雨强度极大时，也可造成严重的人员伤亡和财产损失。

区域性暴雨一般可持续 3~7 d（天），影响范围可达 $10 \times 10^5 \sim 20 \times 10^5$ km² 或更大，灾情为一般。但有时因降雨强度极强，可能造成区域性的严重洪涝灾害。

特大范围暴雨历时最长，一般都是多个地区内连续多次暴雨组合，降雨可断断续续地持续 1~3 个月，雨带长时间维持。特大范围暴雨是一种灾害性天气，往往造成洪涝灾害和严重的水土流失，易导致工程失事、堤防溃决和农作物被淹等，引起重大经济损失。特别是在一些地势低洼、地形闭塞的地区，雨水不能迅速宣泄造成农田积水和土壤水分过度饱和，导致灾害发生。

12. 暴雨的成因主要有哪些？

一般来说，暴雨的形成具备一系列宏观条件和微观条件。

宏观条件主要指：①充沛的水汽不断地向暴雨区输送并在那里汇合。我国暴雨的水汽主要来源于西太平洋、南海和孟加拉湾，水汽输送的机制往往是和大尺度环流、低空急流、低值涡旋系统相联系的。②强烈而持久的上升运动把低层水汽抬升到高空。中小尺度天气系统和地形引起的上升运动，其上升速度可以达到 1 m/s（米每秒）。在积雨云中，上升速度可达 40 m/s，接近急流中的平均风速。③对流不稳定能量的释放与再生。低层暖湿气流侵入暴雨系统，加上地形的抬升作用，有利于对流不稳定能量的释放与再生，持续地引起强对流运动。

微观条件主要指：足够的凝结核，持续的云滴凝结和碰并增长条件。暴雨是由各种尺度天气系统相互作用的结果。行星尺度系统和天气尺度系统，为中尺度系统的发生和发展提供了大尺度环流的背景和许多降水单体。暴雨出现后放出的潜热，又对大尺度系统发生反馈作用。这种复杂的相互作用，决定了暴雨的发生和维持。在我国，降雨天气系统受到阻滞的地区、两个或两个以上大尺度上升运动区域的地区、中纬度系统和低纬度系统相互作用的地区、地形特别有利于气流抬升的地区，都容易发生大暴雨。

13. 湖南省为什么会频繁发生暴雨？

湖南地处亚热带区域，属典型的季风气候区，因其处于东亚季风气候区的西侧，加之地形特点和离海洋较远，境内冷暖空气交错频繁而剧烈，冷锋、低涡、冷高压等西风带天气系统和台风、热带低压等东风带天气系统以及西太平洋副热带高压交互影响，导致天气复杂多变，暴雨频繁发生。

14. 湖南省暴雨的特点主要有哪些？

一是降雨年内分布不均。降雨主要集中在 4~8 月，占全年降雨量的 63% 左右。

二是降雨年际变化大。如降雨多的 2002 年达 1 965 mm，而降雨少的 2011 年为 1 026 mm，仅约为 2002 年的一半。

三是降雨空间分布不均。按降雨地区分布，全省可分为澧水上游区、雪峰山脉区、湘东北区、南岭山脉区四个降雨高值区和衡邵丘陵区、沅江上游及中游山间盆地区、洞庭湖平原区三个降雨低值区。

15. 湖南省四个暴雨集中区和三个易旱区分别包括哪些地方？

（1）四个降雨高值区，即暴雨集中区：①澧水上游区，包括桑植、永顺、龙山等县市；②雪峰山脉区，包括新化、安化、桃江、隆回、洞口、绥宁、桃源、溆浦、辰溪、洪江等县市；③湘东北区，包括浏阳、宁乡、临湘、平江等县市；④南岭山脉区，包括蓝山、江永、江华、桂东、临武、汝城、资兴等县市。

（2）三个降雨低值区，即易旱区：①衡邵丘陵区，包括衡阳大部分县、娄底全境、邵阳东部、永州北部等地区；②沅江上游及中游山间盆地区，包括保靖、泸溪、会同、麻阳、靖州、芷江、新晃、通道等县市；③洞庭湖平原区，包括湘阴、华容、汨罗、沅江、安乡、南县、临澧、津市、澧县等县市。

16. 暴雨的主要危害有哪些?

暴雨是我国的主要气象灾害之一,其危害主要包括洪灾和涝渍灾。暴雨天气出现时,多伴随雷电和狂风,常导致山洪暴发,河流洪水泛滥,内涝渍水,毁坏庄稼、建筑,造成人畜伤亡,作物歉收或绝收,交通与通信受阻,等等。暴雨可直接导致灾害,也易诱发崩塌、滑坡、泥石流等地质灾害。暴雨洪涝灾害涉及工农业生产、交通、通信、建筑设施、城市运行、民众日常生活、生态环境等各方面。如图 1-2 所示。

图1-2 暴雨灾害

二

监测、预警知识

17. 如何进行降水监测?

降水监测是在时间和空间上所进行的降水量和降水强度的观测。监测方法包括用雨量器直接测定方法和用天气雷达、卫星云图估算降水的间接方法。直接测定方法需设定雨量站网，站网的布设必须有一定的空间密度，并规定统一的频次和传递资料的时间，有关要求根据预期的用途来决定。无人值守的自动雨量监测站，是一种收集地面降雨信息的自动观测仪器，可以精确地记录每分钟的降水量。农村基层组织也可以利用简易人工雨量筒自行监测雨量。天气雷达估算降水的方法是根据气象雷达回波强度推算降水强度和降水量，具有大面积遥测的特点。卫星云图估算降水的方法是根据气象卫星对降水云的探测结果推算地面降水情况，其覆盖范围大，特别适用于对山区、沙漠和海洋的降水监测。

18. 暴雨预警信号如何分级？

暴雨预警信号分四级，分别以蓝色、黄色、橙色、红色表示，各级预警信号图标及发布条件如下表：

预警信号分级	图标	条件
蓝色预警信号		12 h 内降雨量将达 50 mm 以上，或者已达 50 mm 以上且降雨可能持续
黄色预警信号		6 h 内降雨量将达 50 mm 以上，或者已达 50 mm 以上且降雨可能持续
橙色预警信号		3 h 内降雨量将达 50 mm 以上，或者已达 50 mm 以上且降雨可能持续
红色预警信号		3 h 内降雨量将达 100 mm 以上，或者已达 100 mm 以上且降雨可能持续

19. 暴雨蓝色预警对应的防护措施是什么？

①学校、幼儿园应采取适当措施，保证学生和幼儿安全；②驾驶人员应当注意道路积水和交通阻塞，确保安全；③检查城市、农田、鱼塘排水系统，做好排涝准备。

20. 暴雨黄色预警对应的防护措施是什么？

①交通管理部门应当根据路况在强降雨路段采取交通管制措施，在积水路段实行交通引导；②切断低洼地带有危险的室外电源，暂停户外作业，转移危险地带人员和危房居民到安全场所避雨；③检查城市、农田、鱼塘排水系统，采取必要的排涝措施。

21. 暴雨橙色预警对应的防护措施是什么？

①切断有危险的室外电源，暂停户外作业；②处于危险地带的单位应当停课、停业，采取专门措施保护已到校学生、幼儿和其他上班人员的安全；③做好城市、农田的排涝，注意防范可能引发的山洪、滑坡、泥石流等灾害。

22. 暴雨红色预警对应的防护措施是什么？

①停止集会、停课、停业（除特殊行业外）；②做好山洪、滑坡、泥石流等灾害的防御和抢险工作。

23. 公众如何获取暴雨预警信息?

公众获取暴雨预警信息的途径:①各级气象台站;②广播、电视、报纸、12121气象专线等媒体;③固定网、移动网、因特网等通信网络;④电子显示装置等媒介。

日常防范知识

24. 暴雨来临前有什么迹象？

在夏季，当观察到下面几种天气征兆时，应提高对发生暴雨的警惕性：①早晨天气闷热，甚至感到呼吸困难，一般是低气压天气系统临近的征兆，午后往往有强降雨发生，如图1-3所示；②清晨远处有宝塔状墨云隆起，一般午后会有强雷雨发生；③多日天气晴朗无云，天气特别炎热，山岭迎风坡上忽现隆起的小云团，一般午夜或凌晨会有强雷雨发生；④炎热的夜晚，不远处传来沉闷的雷声，一般是暴雨即将来临的征兆，如图1-4所示；⑤天边有漏斗状云或龙尾巴状云时，表明天气极不稳定，随时都有雷雨大风来临的可能。

25. 躲避暴雨洪涝灾害的要领是什么？

躲避暴雨洪涝灾害要做好思想准备、物品准备、撤离准备等。

图1-3　低气压天气

图1-4　暴雨即将来临的征兆

思想准备：在雨季要多关注降雨情况和洪水预警信号，了解水位可能上涨到的高度和洪水可能影响的区域，结合自己所处的位置和条件，做好防范的思想准备，妥善安排出行，检查房屋安全，选好停车位置，等等。

物品准备：在暴雨或洪涝灾害发生前，准备几天以上的食品，备足饮用水、药品和日用品，备好手电筒和救生包等应急工具，检查通信设备；收集木盆、木材、大件塑料泡沫等能漂浮的材料，以备急需时用作救生装置。

撤离准备：熟悉避灾转移（最佳撤离）路线和避灾安置场所，避免受灾时惊慌而走错路；将不便携带的贵重物品可做防水捆扎后处置好；票款、首饰等小件贵重物品可随身携带。

26. 公众在遭遇暴雨时该如何做？

①暴雨期间尽量不要外出，及时关注天气预报和预警等

信息，掌握暴雨的最新消息；②注意检查电路、炉火等设施，当积水漫入室内时，应立即切断电源，防止积水带电伤人；③提前收拾、盖好露天晾晒的物品，将家中的贵重物品置于高处，如图1-5所示；④居民可因地制宜，在家门口放置挡水板、沙袋或堆砌土坎以防发生小内涝，如图1-6所示；⑤将在危旧房屋或低洼地势居住的群众及时转移到安全地方，提防破旧受损房屋倒塌伤人；⑥身处室外时，应远离河流湖泊、广告牌、简易建筑物等，立即停止田间农事活动和户外

图1-5　贵重物品置于高处

图1-6　门前放置沙袋

活动，尽快进入室内，来不及躲避的，尽快用找到的物品保护头颅不受伤害，如图1-7所示；⑦雷雨天气时，不要在大树下避雨，不要拿着金属物品及用手机接打电话等，以防雷击，如图1-8所示；⑧身处山区、丘陵地区的民众应警惕山体滑坡或泥石流、洪水等灾害的发生，并及时撤离至安全地区等。

图1-7　停止户外活动

图1-8　雷雨天气注意防雷击

27. 涉水作业人员在暴雨来临前该怎么办？

①航运、捕捞、养殖、施工、采砂等涉水作业人员要密切关注天气变化和水位涨落情况，并服从相关部门的安排，做好防汛准备；②在洪水到来前，要停止在行洪河道里航行、捕捞、施工、采砂等作业，转移可能受洪水影响的设施设备，锚固船只；③要留意上游水库放水、泄洪等险情通告，不要在水库泄洪时进入行洪河道。

28. 农村务农人员在暴雨来临前该怎么办？

①注意收听收看天气预报，若有暴雨，应尽快收回晾晒

在外的物品，将低洼处的种子、肥料等生产资料和收获的农产品转移到安全地方；②召回在室外的畜禽，加固栏舍；③检查排水系统，清理沟渠，暂停播种等；④在暴雨洪水来临前，提前回家或到安全场所躲避。

29. 外来务工人员在暴雨来临前该怎么办？

①应了解当地洪涝灾害情况，向当地居民学习自我防范方法，服从当地防汛抗旱指挥部的安排；②如果居所不安全，应尽快到当地避灾中心或临时避灾点避险，如已受困，应立即报警，请求帮助；③用工单位、房屋出租人及所在地防汛组织都有帮助、解救受困人员的责任和义务。

30. 企业管理者在暴雨来临前该怎么办？

①组织编制企业防汛预案，并将防汛责任落实到每个部门、每个责任人；②使企业的厂房设施和作业场所达到防汛要求，严禁在危险区域从事生产活动；③洪涝影响期间，企业防汛责任人必须到岗到位，组织做好防灾工作；④洪涝严重影响期间，企业应视情况停止生产，全力保护职工安全，并注意做好与周边单位、附近群众的联防工作。

31. 居家人员在暴雨来临前该怎么办？

接到暴雨洪涝预警后，居家人员应及时检查房前屋后的排水情况，及时疏通被堵塞的排水沟、排水管；在低洼处的可能进水的住宅，可以采取"小包围"措施，如大门口放置挡水板、堆起土坎等，还可以配置小型抽水泵；尽快收回或处置好室外物品，切断危险的室外用电设施；准备3天以上的干粮、饮用水、药品和衣服等生活急需品；检查手电筒、应急灯、蜡烛；检查电路，尽量减少使用电器；非必要时不要外出，不要将小孩独自留在家里；电话或手机保持畅通状态；若房屋存在安全隐患的，应抓紧转移人员和重要财物至安全场所。

32. 在校师生在暴雨来临前该怎么办？

①学校要密切关注暴雨洪涝预警信息和有关部门的通知，下雨时，要关闭教室门窗，做好防雷、防触电工作；②一旦有暴雨洪涝影响，要按预案停止户外活动，必要时停课，如需遣散学生，应及时联系家长；③学生应听从学校安排，上学、放学途中应避开危险区域，尽快到校或回家；④住校师生应自觉服从校方管理，在警报未解除前，留守学校。

33. 户外休闲旅游人员在暴雨来临前该怎么办？

①关注天气和路况，若不适宜外出旅行时，应取消或调整旅行计划，尽量避开暴雨洪涝影响区域；②已经在暴雨洪涝影响区域的游客要尽快返回或到附近避灾场所避险；③暴雨洪涝来临时，正在旅游景区的游客，要听从景区管理人员的安排，停止一切户外活动，留在室内休息；④遇到危险时，应及时与有关部门联系，请求救援。

34. 驾驶人员在暴雨来临前该怎么办？

①应注意收听天气预报和路况信息，接到暴雨洪涝预警后，应尽快把车开到安全的地方停放，不要将车停放在地下车库、低洼地等易淹区域，以及电杆、棚架、塔吊、广告牌等旁边，避免造成损失；②不要贸然在暴雨洪水期驾车外出，确需驾车外出的，要避开下沉式立交桥等易淹区域；③不要留在车内避雨，以确保人身安全；④平时车内要准备随时能砸破车窗自救的物品，如锤子、大号铁钳等。

35. 其他外出人员在暴雨来临前该怎么办？

外出人员要注意收听收看天气预报，接到暴雨洪涝预警信息后，应尽量减少外出。如确需外出的，要采取防雨、避雨措施，避开地下通道等易积水地区，远离电杆、棚架、塔吊、边坡、围墙、广告牌和高大树木，发现高压线塔、电线杆倾倒，电线跌落，应迅速远避。

36. 处于危险区域人员在暴雨来临前该怎么办？

①应主动了解预警信息和避灾转移的时间、地点、路线、交通和负责转移人员及其联系电话；②接到转移通知后，应服从当地防汛组织的转移指令，并带上 3 天以上的干粮、饮用水、药品、洗漱用品和衣服等生活必需品进行避灾转移；③在避灾场所应服从安排，不要大声喧嚷，保持环境卫生，

注意安全；④在解除灾害警报或确认危险区域已经安全之前，不要擅自返回。

37. 村（社区）在暴雨来临前该怎么办？

村（社区）干部负责本地防汛的现场组织工作，应及时掌握周边河流、堤防、道路、山塘、水库、电力设施、危房、地质灾害隐患点等的动态，组织开展村（社区）的低洼地带、地下空间等检查工作，发现异常情况立即报告并采取紧急措施。启用广播室等发布防汛信息，通知居民减少外出，做好防汛工作；组织可能出险区域人员安全转移；组织由民兵、青壮年组成的突击队待命，随时应对各种紧急情况。

38. 小区物业管理人员在暴雨来临前该怎么办？

接到暴雨洪涝预警后，小区物业管理人员应开展防汛检查，对小区内建筑物、公共设施、宣传牌、指示牌、树木、照明线路等进行检查并采取必要的加固措施；对住户窗台和阳台物品、车辆停放等进行巡查，发现安全隐患及时联系住户，做好地下车库的防淹管理及安全防范工作。

第二篇 防洪篇

一

基本知识

1. 什么是水位?

水位是指水体的自由水面高出某一基准面的高程。洪峰水位是指洪峰流量对应的瞬时水位。最高 / 最低水位是指在某一观测地点出现的瞬时最高 / 最低水位。历史最高水位是在研究时段（或有水文记载）内出现的最高水位。

表示水位高程的基准面有假定高程基准、吴淞高程系统、1956 年黄海高程、1985 年国家高程基准。例如：归阳水文站和衡阳水文站均位于湘江干流，且归阳水文站位于衡阳水文站上游。湘防〔2004〕19 号文件中，归阳水文站和衡阳水文站警戒水位分别为 45.50 m 和 56.50 m，这并不意味着上游水位一定低于下游水位，这两个水文站水位值的不同是由于采用了不同的高程基准面。

湖南省在防汛方面的特征水位值一般采用的是吴淞高程系统。

2. 水库特征水位有哪些?

①正常蓄水位是指水库在正常情况下，为满足设计的兴利要求在供水期开始时应蓄到的最高水位；②防洪限制水位又称汛限水位，是水库在汛期允许兴利蓄水的上限水位，也是水库在汛期防洪运用时的起调水位；③防洪高水位是指水库承担下游防洪任务，在调节下游防护对象的防洪标准洪水时，自防洪限制水位开始调洪，坝前所达到的最高水位；④设计洪水位是水库遇到大坝的设计洪水时，水库经调洪后在坝前达到的最高水位，它是水库在正常运行情况下允许达到的最高水位；⑤校核洪水位是水库遇到大坝的校

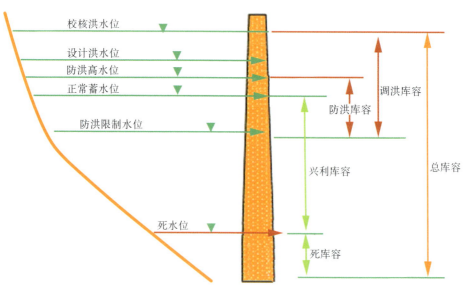

图2-1　水库特征水位

核洪水时，水库经调洪后在坝前达到的最高水位，它是水库在非常运行情况下，允许临时达到的最高洪水位，如图 2-1 所示。

3. 防汛特征水位有哪些？

①警戒水位。警戒水位是指江、河漫滩行洪，堤防临水到一定深度，有可能发生险情，需要开始加强防守的水位。一般来说，有堤防工程的大江大河的警戒水位多取决于洪水普遍漫滩或重要堤段水浸堤脚的水位，是堤防险情可能逐渐增多时的水位。到达该水位时，管理部门上要进行防汛动员，加大人力、物力投入，实行昼夜巡堤查险。②保证水位是根据防洪标准设计的堤防设计洪水位，或历史上

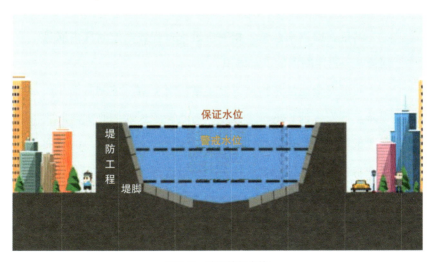

图2-2　防汛特征水位

防御过的最高洪水位。当接近或达到该水位时，重大险情的发生概率增大，堤防随时有出险的可能。③分洪水位是指河道一侧设有蓄滞洪区的地方，在其上游设置水位控制站，当汛期河道上游洪水来量超过下游河段安全泄量时，必须向蓄滞洪区分泄部分洪水的水位。这一水位要根据下游河道安全泄量来确定。

4. 什么是流量、洪峰流量、洪量与河道安全泄量？

流量是指流体在单位时间内通过某一过水断面的量，常用单位是立方米每秒（m^3/s）。比如：泄洪流量为 1 000 m^3/s，表示 1 秒（s）内通过泄洪断面的水是 1 000 立方米（m^3）。

洪峰流量是指一次洪水过程中，通过某一过水断面的最大瞬时流量，常用单位为立方米每秒（m^3/s）。洪峰流量是一次洪水大小的重要特征值。

洪量，即洪水总量，指一次洪水过程或给定时段内通过河流某一过水断面的洪水体积。

河道安全泄量是指河道在正常情况下防洪控制断面（或堤防）能安全通过的最大流量。对于新建成或加高堤防的安全泄量取决于要求达到的堤防设计水位。通常认为是河道在保证水位时洪水能顺利、安全地通过河段而不致洪水漫溢或造成危害，不需要采取分蓄洪措施的最大流量。河道安全泄量是拟定防洪工程措施和防汛工作要求的主要指标。

5. 什么是汛、汛期、防汛?

汛是指江河湖泊中每年季节性或周期性的涨水现象。即由于降雨、融雪、融冰，江河湖泊中每年出现季节性或周期性的涨水。汛常以出现的季节或形成的原因命名，如春汛、伏汛、潮汛等。

汛期是指江河湖泊中每年出现汛的时期，即指江河湖泊水位在一年中有规律显著上涨的时期。湖南省的汛期为 4 月 1 日至 9 月 30 日，主汛期为 6~8 月。

防汛是人们同灾害性洪水做斗争的一项社会活动。

6. 紧急防汛期是什么?

当发生重大洪水灾害和险情时，县级以上人民政府防汛指挥机构为了进行社会动员，有效地组织、调度各类资源，地方政府防汛指挥部门采取应急的非常措施进行抗洪抢险而确定的一段时间称为紧急防汛期。

在防汛抗洪过程中，当江河湖泊发生重大洪水灾害和险情时，地方防汛指挥机构有权在其管辖范围内调动人力、物力，采取一切有利于防洪安全的紧急措施进行抢护。《中华人民共和国防洪法》《中华人民共和国防汛条例》对紧急防汛期的权限和原则以及强制措施等均做了明确规定。《中华人民共和国防洪法》颁布实施以来，在 1998 年"三江"大水、2003年淮河大水抗洪期间，一些省、市、县人民政府防汛指挥机构依法宣布进入紧急防汛期，并采取一定的紧急措施组织、指挥抗洪抢险，取得抗洪斗争的全面胜利。

7. 什么是累积频率、洪水频率？

累积频率（简称"频率"）是指大于或等于及小于或等于某个值的水文要素在一定时期内出现的次数。重现期是指某一水文事件在长时期内可能出现的平均间隔时间。

洪水频率一般指某洪水特征值（如洪峰流量等）出现的累积频率。通俗地讲，洪水频率是用来表示某种洪水可能出现的概率，以百分数表示。如百年一遇的洪水，是指大于或等于这样的洪水在很长的一段时间内平均一百年可能发生一次，但不能认为恰好每隔一百年就会出现一次。从频率的概念理解，这样大的洪水可能一百年内出现不止一次，也许一百年中一次也未出现。

8. 洪水的等级如何划分？

水文要素重现期小于 5 年的洪水，为小洪水；水文要素重现期大于或等于 5 年而小于 20 年的洪水，为中等洪水；水文要素重现期大于或等于 20 年而小于 50 年的洪水，为大洪水；水文要素重现期大于或等于 50 年的洪水，为特大洪水。

估计重现期的水文要素项目包括洪峰水位（流量）和时段最大洪量等，可依据河流（河段）的水文特性来选择。

9. 湖南省是如何对洪水进行监控观测的?

为了监控观测全省主要江河湖库的水情变化,湖南省水文部门通过设立雨量站或水文(位)站,由流域内的许多雨量站和水文(位)站形成水情站网,对降雨和洪水情况进行常年观测。

10. 什么是洪水预报?

洪水预报是根据洪水形成和运动的规律,利用过去和实时的水文、气象资料,对未来一定时段内的洪水发展趋势进行预测、预报分析,这是防灾减灾的一项重要措施。

11. 洪水预警信号有哪些?

洪水预警信号依据洪水量级及其发展态势,由低至高分为四个等级,依次用蓝色、黄色、橙色、红色表示。如下表所示。

预警信号分级	图标	条件 (满足其中之一)
蓝色预警信号	洪 水 蓝 FLOOD	①水位/流量接近警戒水位/流量;②水文要素重现期小于或等于5年

续表

预警信号分级	图标	条件 （满足其中之一）
黄色预警信号	洪水 黄 FLOOD	①水位/流量达到或超过警戒水位/流量；②水文要素重现期大于或等于5年而小于20年
橙色预警信号	洪水 橙 FLOOD	①水位/流量达到或超过保证水位/流量；②水文要素重现期大于或等于20年而小于50年
红色预警信号	洪水 红 FLOOD	①水位/流量达到或超过历史最高水位（最大流量）；②水文要素重现期大于或等于50年

12. 国家在防汛方面有哪些主要的法律法规？

国家在防汛方面的法律法规主要有：《中华人民共和国水法》《中华人民共和国防洪法》《中华人民共和国防汛条例》《中

华人民共和国河道管理条例》《水库大坝安全管理条例》《蓄
滞洪区运用补偿暂行办法》《蓄滞洪区安全与建设指导纲要》
等，如图 2-3 所示。

图2-3　充分了解国家在防汛方面的法律法规

13. 公众有关防汛抗洪的义务主要有哪些?

①任何单位和个人都有保护防洪工程设施和依法参加防
汛抗洪的义务；②任何单位和个人发现水工程设施出现险情，
有立即向防汛指挥部和水工程管理单位报告的义务，如图 2-4
所示；③在汛期，有防汛任务地区的单位和个人有承担一定
的防汛抢险的劳务和费用的义务；④在紧急防汛期，所有单
位和个人必须听从指挥，有承担人民政府防汛指挥部分配的
抗洪抢险任务的义务。

图2-4　发现险情立即报告

14. 如何获取防汛知识?

　　①通过宣传活动。政府及有关部门定期或不定期地组织基层组织发放一些公众防灾知识读本、宣传册、宣传单、明白卡,张贴防汛宣传图片,举办防灾减灾知识讲座。大家要留意这方面的活动,积极主动参与。②通过课堂。在中小学生课堂上学习防灾减灾的相关防汛知识,还可以通过阅读课外读物,学习防汛知识。③通过网络。政府部门的防汛、水利、气象等门户网站上一般有防汛方面的知识和信息,大家可以通过上网浏览这些网站,学习防汛知识。④通过媒体。通过广播、电视、报刊等媒体学习防汛方面的知识。

15. 防汛信息从哪里来？

①政府及有关部门会及时通过门户网站、广播、电视、报刊和手机短信等方式发布防汛信息；②村（社区）等基层组织也会直接向当地群众传递防汛信息。

16. 为什么要进行防汛演练？

为保证防汛应急工作依法、科学、有序、高效地进行，各级政府及基层组织制订了防汛应急预案，并定期或不定期地开展演练，以提高实战能力。防汛演练需要群众参与，才能取得实效。因此，大家要积极参加当地政府及防汛指挥机构组织开展的防汛演练，特别要熟悉避灾转移预警信号以及转移路线和避灾场所。

17. 什么是洪灾保险？

洪灾保险是企业或个人因担心遭受洪水灾害而向保险公司投保的行为，是对洪水灾害引起的经济损失所采取的一种由社会或集体进行经济赔偿的办法，是为了配合洪泛区管理，限制洪泛区的不合理开发，减少洪灾的社会影响，对居住在洪泛区的居民、社团、企事业单位实行的一种保险制度。它属于防洪非工程措施之一。一般有自愿保险和强制保险两种形式，后者更有利于限制洪泛区的不合理开发。凡参加洪灾保险者，按规定保险费率定期向保险公司缴纳保险费，保险公司将保险金集中起来，建立保险基金；当投保单位或个人的财产遭受洪水淹没损失后，保险机构将按保险条例进行赔偿。

湖南省的洪灾保险由财政买单，引入了巨灾保险机制以应对洪涝灾害造成的损失。

洪水灾害知识

18. 什么是洪水？湖南省的主要洪水类型有哪些？

洪水是指由降雨或冰雪消融使河道水位在较短时间内明显上涨的大流量水流，也指暴雨或迅速融化的冰雪和水库漫坝等引起江河水量迅速增加及水位急剧上涨的自然现象，如图 2-5 所示。

图2-5　水位上涨

湖南省的主要洪水类型有暴雨洪水、山洪、溃坝洪水、湖泊洪水等。

19. 什么是洪水灾害及其次生、衍生灾害?

洪水灾害泛指洪水泛滥、暴雨积水和土壤水分过多对人们生产、生活乃至生态环境造成的灾害。

洪水灾害的主要类型有山洪地质灾害、水库垮坝、闸(泵)垮塌、堤防溃漫、城市内涝、堤垸内涝等(如图2-6所示)。其次生、衍生灾害主要有环境污染、水源污染、食品污染、病菌滋生等。

湖南省洪涝灾害多发生在5~7月。湖南省近百年来发生的洪水灾害的年份主要有1931、1954、1969、1973、1982、

图2-6　城市内涝

1988、1990、1994、1995、1996、1998、1999、2001、2002、2006、2016、2017 年等。

20. 在日常生活中如何做好洪水灾害的防范?

①提高防范意识，高度重视预防，积极参与有关部门组织的防洪演练，如图 2-7 所示；②平时尽可能多了解洪水灾害防御的基本知识，掌握自救、求救等逃生本领；③注意关注当地电视、广播等媒体提供的洪水灾害信息，并结合自己所处位置和条件，明确撤离路线和目的地；④注意保存并携带速食品、饮用水、常用药品、手电筒、救生器材及通信设备等应急物品，如图 2-8 所示；⑤注意收集木盆、大件泡沫、大件塑料等易漂浮物，以备逃生时急用，如图 2-9 所示；⑥购买相关保险，减少灾害损失等。

图2-7　防洪演练

图2-8　必备应急物品

图2-9　必备逃生物品

21. 公众在什么情况下务必转移避险?

当气象部门发布强降雨预警或者发生短时强降雨时,影响区内的下列人员在强降雨影响前或者根据实时降雨警报应及时转移:处在可能发生险情的水库、山塘下游的人员;处在重点地质灾害隐患点和地质灾害频发区的人员;处在山洪易发区和易受洪水灾害严重威胁地区的人员;其他根据实际情况需要转移的人员,如图 2-10 所示。

当水文机构预报江河将发生较大洪水时,影响区内的下列人员应当在洪水到达前及时转移:河道滩地上各类临时居住人员;水域作业人员;无标准堤防的江心洲上的人员;可能溃堤而被淹没区域内的人员;准备启用的蓄滞洪区内的人员;其他根据实际情况需要转移的人员。

图2-10　转移避险

22. 洪水来临时哪些是较安全的避难所?

避难所一般应选择距家最近、地势较高、交通较为方便且有上下水设施、卫生条件较好的地方。城市中的避难所大多选择高层建筑的平坦楼顶,地势较高并有较好条件的学校、医院以及公园等,如图 2-11 所示。

图2-11　选择安全的避难所

农村的避难所大体有两类：一是大堤、安全区、安全台、安全楼；二是邻近村组，通过村组之间的村对村、户对户，受灾村与邻近村结成长期的互助关系。

23. 遭遇洪水时如何报警？怎样求救？

遭遇洪水时，可采取急骤鸣锣、打电话、发信息、拉警报器、施放警报、广播电视通知等报警方式。

求救的方法为：①有通信条件的，可利用通信工具向当地政府和防汛等部门报告洪水态势和受困情况，寻求救援；②无通信条件的，可利用烟火、鸣锣、来回挥动颜色鲜艳的衣物或集体呼救，不断向外界发出紧急求救信号，如图2-12所示。

图2-12　发求救信号

24. 洪水来临时如何保存贵重物品?

洪水来临时,如有可能,应尽量妥善保存贵重物品,以减少灾害损失。①当情况紧急时,要舍弃一切,迅速逃生;②不便携带的贵重物品,可做防水处理后,捆扎结实埋入地下(防冲走)或置放于高处;③少量票款及首饰等可缝在衣物中。在条件允许的情况下,做好屋内财产的防盗处理事宜。

25. 洪水来临时如何逃生?

①洪水到来时,来不及转移的人员,要就近迅速向高地、避洪台等地转移,或者立即爬上屋顶、高层楼房、大树等位置高的地方暂避;②如洪水继续上涨,暂避的地方已难保安全,应充分利用身边的救生器材,或迅速找一些木板、大块泡沫、大块塑料等能漂浮的材料扎成筏子逃生;③如已被洪水包围,要设法尽快与当地防汛或公安消防等部门取得联系,报告自己的方位和险情,积极寻求救援;④如已被卷入洪水中,一定要尽可能抓住固定的或能漂浮的东西,寻找机会逃生,如图 2-13 所示。

在逃生时应注意,千万不可攀爬电线杆、高压线铁塔、泥坯房顶等,如图 2-14 所示。发现高压线铁塔倾斜或者电线断头下垂时,一定要迅速远避,防止直接触电或因地面"跨步电压"触电,如图 2-15 所示。

图2-13　在洪水中抱紧固定物或能漂浮的物体

图2-14　不攀爬铁塔

图2-15　防止触电

涝渍灾害知识

26. 什么是涝？洪与涝的共同点与区别分别是什么？

涝是由于降水过多不能及时排入河道、沟渠而形成地表积水的自然现象。

涝灾与洪灾的共同点是地表积水（或径流）过多。区别是：涝灾是指因雨水过多未能及时排除而对农作物、设施等各类财产和人类活动产生的危害，是因本地降水过多而造成的；洪灾是由于江河湖库水位猛涨，堤坝漫溢或溃决，水流入境而造成的灾害。

27. 什么是城市内涝？

城市内涝是指由于强降水或连续性降水超过城市排水能力，致使城市内产生积水造成灾害的现象，如图 2-16 所示。

图2-16　城市内涝

28. 城市内涝形成的主要原因有哪些？

①城市地理环境因素；②城市水文条件被破坏，雨水调蓄能力减弱；③城市地表水下渗能力低；④城市下水道排水能力不足；⑤城市的热岛效应；⑥其他因素。

29. 城市内涝易发生在哪些地方？

城市内涝易发区域：低洼地区、下凹式立交桥、地下轨道交通、地下商场与车库等地下空间、危旧房、地下室以及在建工地等，如图 2-17 所示。

图2-17　城市内涝易发区域

30. 城市内涝的危害有哪些?

城市内涝的危害除了破坏建筑、厂房、交通设施、水利工程设施、电力设施外,还中断交通、通信,更甚者造成不同程度的人员伤亡,同时给城市建设、环境安全、社会稳定带来不同程度的危害以及经济损失等。

31. 居民如何防范城市内涝?

①提高防范意识,密切关注气象、预警和转移等相关信息;②熟悉本区域相关应急预案,如图 2-18 所示;③家中常备哨子、手电筒等应急用品及救生衣和救生圈等应急逃生物品;④提前在易涝区砌筑活动拦水带、垒砌沙袋或用挡水板进行临时挡水,如图 2-19 所示;⑤临街易受涝区的居民可多准备水盆等盛水容器,或备用小型临时排水泵,用于抢排室内积水;⑥明确并熟悉避险点与最佳避险线路,确保内涝灾

害发生时能及时转移至安全区域；⑦小区内常备防汛抢险物资，如图2-20所示。

图2-18 发布应急预案

图2-19 易涝区设置临时挡水板

图2-20 常备防汛抢险物资

32. 城市内涝时被困屋内如何避险？

①如能提前数小时收到暴雨预报、预警等消息，迅速自制一个应急包，包括少量高热量食物如巧克力，还有饮用水、常用药品等，并保存好可用作发求救信号的哨子、手电筒等，如图 2-21 所示；②如已被困在房子里，应第一时间向结实的楼房顶等高处转移，等待救援；③一旦室外积水漫进屋内，在往高处避险前应立即关闭煤气阀、电源总开关等，以防泄气漏电，如图 2-22 所示；④避免空腹逃生，尽可能补充些食物、热饮再逃离，以保障等待救援时的体力；⑤充分利用平时准备的救生器材，并注意收集木盆、木桶、门板等遇水能漂浮的东西作为简易逃生筏，如图 2-23 所示。

图2-21 常备避险物资

图2-22 积水入室时，要关闭煤气阀、电源总开关等

图2-23　充分利用救生器材

33. 在户外遭遇城市内涝时如何避险?

　　①户外遭遇城市内涝灾害时,首要是就近选择地势较高、交通较方便及卫生条件较好的避难所,如学校、医院等;②户外避险切记远离电线杆、高塔、广告牌等,以防意外发生,如图2-24所示;③行走时要注意观察路边防汛安全警示标志,尽量贴近建筑物,不要靠近有漩涡的地方,防止跌入缺失井算的水井、地坑等危险区域,如图2-25所示;④在陌生路段行车时,如遇积水,前方又无参考车辆时,绝不可贸然涉水;在积水不深的熟悉路段行车时,应稳住油门,低速通过,行车途中一旦熄火,应及时弃车逃至安全区域避险。

图2-24　避险时注意远离广告牌

图2-25　避险时要防止跌入水井中

34. 内涝过后应注意哪些饮食和环境卫生问题?

　　①讲究饮水卫生:一是保护好水源,做好饮用水消毒;二是尽可能喝开水,喝开水是预防肠道传染病最有效的措施,如图2-26所示。②注意饮食卫生:一是不吃腐败变质或受污染的食物;二是不吃病死、淹死的动物,如图2-27所示;三是不吃生食,吃瓜果前要削皮或洗净;四是食物要煮开后再吃;五是不采食山中的野菜,以免发生食物中毒。③搞好环境卫生:一是确保粪便和生活垃圾不入水,已被洪水冲入的应尽快打捞并清理干净,并对水质进行消毒;二是减少蚊蝇,关键在于填平坑洼和积水,消灭蚊蝇滋生地,同时安装或修复纱窗;三是腐烂动物尸体先消毒后深埋;四是及时组织群

众迅速清除污泥、浊水，如图 2-28 所示；五是可以利用漂白剂消毒搞好厨房卫生，另外也要注意个人卫生。

图2-26　讲究饮水卫生

图2-27　注意饮食卫生

图2-28　搞好环境卫生

四 山洪地质灾害知识

35. 什么是地质灾害？

地质灾害是指由自然产生或人为诱发的对环境及人民生命和财产安全造成危害的地质现象。

36. 地质灾害的成因有哪些？

地质灾害按动力成因可分为自然地质灾害和人为地质灾害两大类。

自然地质灾害发生的地点、规模和频度，受自然地质条件控制，不因人类历史的发展而改变。

人为地质灾害受人类工程开发活动制约，诱发因素主要有采掘矿产资源不规范，预留矿柱少，造成采空坍塌，山体开裂，继而发生滑坡；修建公路、依山建房等工程中，形成人工高陡边坡，易造成滑坡；山区水库与渠道渗漏致使滑坡泥石流发生；其他破坏土质环境的活动，如采石放炮、堆填加载、乱砍滥伐等，也是地质灾害的致灾因素。

37. 地质灾害的类型主要有哪些？

按致灾地质作用的性质和发生地进行划分，常见的地质灾害有地壳活动灾害、斜坡岩土体运动灾害、地面变形灾害、矿山与地下工程灾害、城市地质灾害、河（河流）湖（湖泊）库（水库）灾害、海岸带灾害、海洋地质灾害、特殊岩土灾害、土地退化灾害、水土污染与地球化学异常灾害、水源枯竭灾害共 12 类。

38. 崩塌落石有哪些特征？

崩塌以垂直运动为主，崩塌的破坏作用都是急剧的、短促的和强烈的，一般发生在地形坡度大于 50°、高度大于 30 m 的高陡边坡上，如图 2-29 所示。

图2-29　崩塌落石

39. 崩塌的前兆是什么？

崩塌发生的前兆主要是石块掉落、坠落，小崩塌不断发生，崩塌脚部出现新的裂缝形迹等，如图 2-30 所示。

图2-30　崩塌发生的前兆

40. 什么是山洪、山洪灾害？

山洪是指由于暴雨、拦洪设施溃决等，在山区沿河流及溪沟形成的暴涨暴落的洪水及伴随发生的滑坡、崩塌、泥石流的总称。其中由暴雨引起的山洪在湖南省最为常见。

山洪灾害是指由山洪暴发而给人们带来的危害，包括溪河洪水泛滥、泥石流、山体滑坡等造成的人员伤亡、财产损失、基础设施毁坏及环境资源破坏等，如图2-31所示。

图2-31　山洪灾害

41. 山洪灾害的主要特点是什么？

①季节性强，发生频率高。就湖南省而言，几乎年年都有山洪灾害发生，且主要集中在汛期（4~9月）。②区域性明显，易发性强。山洪主要发生于山区、丘陵区及岗地。湖南省山洪高发区主要在郴州、永州、邵阳、娄底等地，尤以资

兴、临武、蓝山、绥宁、新邵、隆回、安化、桃江、涟源、新化、醴陵、平江、浏阳、桃源、慈利、凤凰等县市区更为严重。③来势迅猛，成灾快。山区、丘陵区因山高坡陡，溪河多，产汇流快，从降雨到山洪形成一般仅需几小时，最短的 1 h 左右，因此，山洪来势凶猛，极易突发成灾，防不胜防。④破坏性强，危害严重。山洪灾害发生时往往伴生滑坡、泥石流等地质灾害，并造成房屋倒塌、人畜伤亡等，其危害性、破坏性很大。

42. 山洪灾害的危害有哪些?

山洪灾害的危害主要包括冲毁农田、冲塌房屋、人员伤亡、经济损失、城镇受淹、基础设施毁坏等。山洪灾害是我国洪涝灾害中致人死亡的主要灾种，如图 2-32 所示。

图2-32 山洪灾害的危害

43. 泥石流的前兆是什么？

泥石流发生的前兆是河流突然断流，或水势突然增大，水流中夹有较多柴草、树枝；深谷或沟内传来类似火车轰鸣或闷雷般的声音；沟谷深处突然变得昏暗，并有轻微震动感等，如图 2-33 所示。

图2-33　泥石流发生的前兆　　　　　图2-34　山体滑坡发生的前兆

44. 山体滑坡的前兆是什么？

滑坡发生的前兆是后缘出现裂缝，前缘出现鼓丘，泉水突然消失，有轰鸣声等，房屋开裂或倾斜，滑坡体上出现大量马刀树等，如图 2-34 所示。

45. 哪些人群易受山洪灾害的威胁？

根据历年山洪灾害资料分析，容易受到山洪灾害威胁的人群往往有下列几种：

①不了解暴雨预警信息及山洪暴发信息，在山洪易发区

的高山上、陡坡下、溪河两边活动，或遇持续强暴雨、晚上仍在屋里歇息、毫无思想准备的人群；②在山洪暴发、洪水猛涨期间，随意过河、过桥、过渡，或不顾危险抢救财产、打捞漂浮物的人群，如图2-35所示；③在溪、河桥梁两头的空地上随意建房居住的人群；④宅基地选择缺乏防洪意识，在溪河两边位置较低处、双河口交叉处、河道拐弯凹岸、陡坎或陡坡下建房的人群，如图2-36所示；⑤在山洪易发区内残坡积层较深的山坡地或山体已开裂的山坡地上建房的人群。

图2-35　山洪暴发时严禁打捞漂浮物

图2-36　宅基地不要选择在易滑坡处

46. 哪些人类活动会加剧山洪的发生？

①毁林开荒，如图2-37所示。森林锐减使暴雨后不能蓄水于山，加剧水土流失，进而使水库泥沙淤积、河床抬升，降低其调洪防洪能力，加重灾情的发生。②城市化的影响，如图2-38所示。城市化进程加快，不透水地面增加，暴雨后地表汇流速度加快，洪峰流量成倍增长；城市热岛效应又使城区的暴雨频率提高，强度增加；新增城镇又多向低洼处发

图2-37 毁林开荒加剧水土流失

图2-38 城市化进程影响山洪发生

展，缺少必要的防洪排涝设施，加剧了洪涝灾害的发生。③违背自然规律盲目开发。不顾地质条件的不合理开挖，弃土弃渣的乱堆乱放乱占，与河争地，加剧了山洪危害的发生。

47. 山区、丘陵区怎么选择宅基地才能减免山洪的危害？

①宅基地应远离高山陡坡，如图2-39所示。房屋应建在离高山陡坡有一定安全距离的平缓地带，或没有明显裂缝、高差小于 30 m、坡度小于 25° 的山坡上或山坡下。②宅基地应高出历史最高水位。③溪、河出口两岸，双河口交叉处及河道拐弯的凹岸等处都是洪水直接冲刷的地方，不宜建房。④山洪暴发时水流常夹带柴草树木，在通过桥梁拱涵时易受阻，造成洪水因被堵塞而暴涨，导致桥梁或桥头被冲毁，故桥梁两头不宜建房，如图2-40所示。

图2-39　宅基地选址要远离　　　图2-40　洪水直接冲刷处不宜建房
　　　　高山陡坡

48. 如何关注灾害性天气防御山洪？

　　每年 5～9 月，国家气象局、水利部两部门联合在新闻联播后的天气预报节目中面向公众发布山洪灾害气象预警，公众可及时关注。此外，公众还可通过中央气象台、中国山洪灾害防治网等气象水利部门网站关注山洪灾害气象预警信息，如图 2-41 所示。

图2-41　发布气象预警信息

49. 山洪灾害预警信息有哪些？

山洪灾害预警信息分为准备转移（橙色预警）和立即转移（红色预警）两级。预警一般情况下按照县→乡（镇）→村→组的次序进行，紧急情况下按照组→村→乡（镇）→县的次序进行。

50. 危险区公众如何获取山洪灾害预警？

危险区公众可通过短信、电话、传真、广播、电视、网络、对讲机、铜锣、警报器、口哨等渠道获取山洪灾害预警信息，如图 2-42 所示。

图2-42　山洪灾害的预警方式

51. 山洪灾害期间易发生哪些疾病？

①肠道传染病，如霍乱、伤寒、痢疾等；②人畜共患疾病和自然疫源性疾病，如钩体病、流行性出血热、血吸虫病、疟疾、流行性乙型脑炎、登革热等；③皮肤病，如浸渍性皮

炎、虫咬性皮炎等；④意外伤害，如溺水、触电、中暑、外
伤、毒虫咬螯伤、毒蛇咬伤等；⑤食物中毒和农药中毒等，
如图 2-43 所示。

图2-43　防止食物中毒

52. 山洪暴发前应做好哪些避灾准备？

①平时尽可能多了解山洪灾害防御的基本知识，掌握自
救逃生的本领；②建房、修路要远离河滩、沟谷、低洼地带
和不稳定山体；③无论在居住地还是在野外活动，都必须先
观察、熟悉周围环境，提前选定紧急情况下躲灾避灾的安全
路线和地点；④要多留心山洪可能发生的前兆，注意广播、
电视等媒体发布的暴雨洪水预警信息，做好随时安全转移的
思想准备。

53. 遭遇山洪时公众应该怎么做？

对于提前收到山洪灾害预警转移的人员，在进行避灾转
移时应以有组织的集体转移为主，转移过程中要服从转移责

任人的指挥，警报解除且经转移责任人同意后方可返回，如图 2-44 所示。

对于突然遭遇山洪袭击来不及转移的人员，千万不要慌张，应就近迅速向两侧山坡高地、结实的屋顶或楼房高层、大树、避洪台等地暂避，并设法及时与外界取得联系，寻求救援，如图 2-45 所示。

图2-44　组织转移

图2-45　紧急避险，等候救援

54. 如何救助被泥石流伤害的人员?

泥石流对人的伤害主要是泥浆使人窒息。当将压埋在泥浆或倒塌建筑物中的伤员救出后，应立即清除其口、鼻、咽喉内的泥土、痰、血等，排除其体内的污水。对昏迷的伤员，应将其平卧，头后仰，将舌头牵出，尽量保持其呼吸道的畅通，如有外伤应采取止血、包扎、固定等处理方法，然后转送至急救站，如图 2-46 所示。

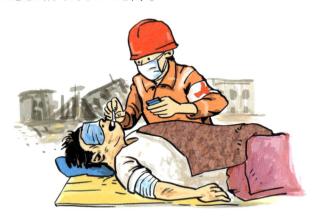

图2-46　救助被泥石流伤害的人员

55. 如何救助被山洪围困的人员?

由于山洪汇集快、冲击力强、危险性高，所以必须争分夺秒地救助被洪水围困的群众，任何人接到被围困人员发出的求助信号后：①应以最快的方式和速度传递求救信息，报告当地政府和附近群众，并立即投入解救行动；②当地政府和基层组织接到报警后，应在最短的时间内组织并带领抢险队伍赶赴现场，充分利用各种救援手段全力救出被困人员，如图2-47所示；③解救行动中要做好受困人员的情绪稳定工作，防止发生新的意外，特别要注意防备在解救和转送途中有人重新落水，确保全部人员安全脱险；④仔细做好脱险人员的临时生活安置和医疗救护等保障工作，如图2-48所示。

图2-47 解救被山洪围困的人员

图2-48 设置临时生活和医疗救护点

第三篇 抗旱篇

基本知识

1. 什么是墒、墒情、保墒？

墒指土壤的湿度。墒情指土壤湿度的情况。土壤湿度是土壤的干湿程度，即土壤的实际含水量。

保墒是设法减少耕层土壤水分损耗，使存贮在土壤中的水分尽可能地被作物吸收利用。最常见的保墒方法就是在农田表面铺设覆盖物（如秸秆、塑料薄膜等）。

2. 什么是干旱？

干旱是一种由气候变化等引起的随机性、临时性水分短缺现象。从发生环节的不同，干旱可划分为气象干旱、农业干旱、水文干旱、社会经济干旱四种类型。

气象干旱是指某时段时，由于降水量和蒸发量的收支不平衡，水分支出大于收入而造成的水分短缺现象。

农业干旱是指作物生长过程中因水分不足致使阻碍作物

正常生长而发生的水量供需不平衡现象。农业干旱分为土壤干旱和作物干旱。

水文干旱是指由降水量和地表水或地下水收支不平衡造成的异常水分短缺现象。

社会经济干旱是指在自然系统与人类经济系统中的水资源供需不平衡而造成的水资源短缺现象。

3. 旱情、旱灾、抗旱分别是什么?

旱情是干旱的表现形式和发生、发展过程,包括干旱历时、影响范围、发展趋势和受旱程度等。

旱灾是指由于降水减少、水工程供水不足引起的用水短缺,并对生活、生产和生态造成危害的事件,如图3-1所示。

抗旱是指通过采取工程和非工程措施,预防和减轻干旱对生活、生产和生态造成不利影响的活动。

图3-1 干旱

4. 干旱和旱灾的区别主要有哪些?

干旱和旱灾是两个不同的科学概念。干旱通常指淡水总量少，不足以满足人们的生存和经济发展需求的气候现象。干旱一般是长期的现象，而旱灾不同，它只是属于偶发性的自然灾害，甚至在通常水量丰富的地区也会因一时的气候异常而导致旱灾。旱灾是指因气候严酷或不正常的干旱而形成的气象灾害。

干旱偏向自然情况，而旱灾与社会经济有关联，有旱灾一定出现干旱。

5. 气象干旱等级与预警信号分别是什么?

国家标准《气象干旱等级》将干旱划分为五个等级，即无旱、轻旱、中旱、重旱、特旱。干旱预警等级分为一级红色预警、二级橙色预警、三级黄色预警、四级蓝色预警，分别对应旱情评估中的特大干旱、严重干旱、中度干旱、轻度干旱等级。

6. 干旱的主要影响有哪些?

①干旱的最直接危害是造成农作物减产，严重干旱会造成大饥荒，使人们饮水困难、生命受到威胁等，如图3-2所示；②在以水力发电为主要电力能源的地区，干旱会造成发电量减少、能源紧张，严重影响经济建设和人们的生活，如图3-3所示；③干旱影响生态安全，造成湖泊水面缩小甚至干

图3-2 干旱使农作物减产

涸、河道断流、湿地萎缩以及污染加剧等，使原有的生态功能退化或丧失，生物种群减少甚至灭绝，如图3-4所示；④干旱易引发火灾，且难以控制和扑灭；⑤旱灾常常引发蝗灾；⑥干旱造成土壤板结等。

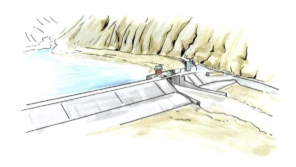

图3-3 干旱造成发电量减少

图3-4 干旱造成生物种群减少

7. 旱灾带来的间接经济损失有哪些?

主要表现在农牧业减产，工业原料不足、产值下降，农村副业生产量减少、交易量受到影响等。

8. 什么是因旱造成人畜饮水困难?

因旱造成人畜饮水困难即由于干旱导致人、畜饮水的取水地点被迫改变或基本生活用水量低于 35 升 /（人·天），且持续 15 天以上。

9. 什么是灌溉农业区?

灌溉农业区是指有灌溉工程设施和条件的农业种植区，包括引河水灌区、水库灌区、井灌区和井渠结合灌区。

10. 什么是受旱作物、作物受旱面积?

受旱作物是指正常生长因供水不足受到明显抑制，从而长势不良的作物。

作物受旱面积是指在田作物受旱面积。受旱期间能保证灌溉的面积不列入受旱面积。

11. 什么是干旱受灾面积、干旱成灾面积?

干旱受灾面积是指农作物产量因受旱而比正常年份减产 10% 以上的农作物播种面积。

干旱成灾面积是指农作物产量因受旱而比正常年份减产30%以上的农作物播种面积。

12. 什么是有效灌溉面积?

有效灌溉面积是指具有一定的水源,地块比较平整,灌溉工程或设备已经配套,在一般年景下当年能够进行正常灌溉的农田面积,为能进行正常灌溉的水田和旱地中水浇地面积之和。

13. 什么是旱地缺墒?

旱地缺墒是指在播种季节,将要播种的耕地 20 cm 耕作层土壤相对湿度低于 60%,影响适时播种或需要造墒播种。

14. 抗旱减灾面临的形势及挑战有哪些?

湖南省的地理气候条件决定了干旱灾害长期存在,而现有抗旱减灾体系又难以有效应对严重干旱。全球气候变化和人类活动影响并增大了极端干旱发生的概率,区域经济社会和生态环境对干旱的敏感性增强。

防旱抗旱日常知识

15. 干旱时如何确保饮水安全?

①树立保护水源意识,备用水源点也应设立保护区,清除水源周围的垃圾及其他污染物,将人畜饮用水源分开,保证饮水卫生安全,如图 3-5 所示;②饮用水源的选择要远离厕所、牲畜圈、垃圾堆,水源周围禁止排放人畜粪便及其他污染物,无自来水供应的地方应优先选用泉水或井水;③启用新的水源时应对水质进行检测,水质符合农村生活饮用水

图3-5　树立保护水资源意识

图3-6　保证饮用水安全

卫生标准方可饮用，如图 3-6 所示；④尽量做到喝开水，不喝生水；⑤远距离运水时，送水工具在使用前必须彻底清洗消毒，防止运水过程中造成饮水污染。

16. 什么是节水?

节水，全称节约用水，是指通过行政、技术、经济等管理手段加强用水管理，调整用水结构，改进用水方式，科学、合理、有计划、有重点地用水，提高水的利用率，避免水资源的浪费。

17. 生活节水小窍门主要有哪些?

①洗衣：用洗衣机洗少量衣服时，水位不要定太高，如图 3-7 所示；②洗澡：不要将喷头的水自始至终开着，尽可能先从头到脚淋湿一下，全身涂沐浴液搓洗，最后一次冲洗干净；③厕所节水：若厕所水箱过大，可在水箱里放一块砖头或一个装满水的大可乐瓶，以减少每一次

图3-7　节水方法一

的冲水量，如图3-8所示；④一水多用：洗脸水用后可洗脚，
养鱼的水可用来浇花，淘米水、煮过面条的水用来洗碗筷；
⑤收集废水：家中预备一个大桶，收集洗衣、洗菜后的家庭
废水冲厕所，如图3-9所示；⑥洗餐具：最好先用纸把餐具
上的油污擦去，用热水洗一遍，最后才用较多的温水或冷水
冲洗干净；⑦空调滴水：一晚上空调运作排水管滴下的水能

图3-8　节水方法二

图3-9　节水方法三

接一桶，完全可以合理利
用变废为宝，如图3-10所
示；⑧生活习惯：刷牙、
抹肥皂时要及时关掉水龙
头，不要用抽水马桶冲掉
烟头和碎细废物，土豆、萝
卜等应先削皮再清洗；等等。

图3-10　节水方法四

18.怎样寻找应急抗旱水源?

常见的方法有群众经验找水、钻探找水和电测法找水。

（1）群众经验找水（如图 3-11 所示）

①根据同一地区、同种植物的生长情况找水，如寻找叶大根深的喜湿性植物生长茂盛的地方；②根据动物活动情况找水：大蚂蚁洞群、蛙蛇冬眠地段、夏季田野蚊虫成柱状盘旋之处，多有地下水；③根据水流痕迹找水：顺着水流经处留下的矿物颜色等痕迹往上找，可能有埋藏在岩石裂缝中的山区地下水；④平原地区找水经验：平原地区浅层地下水主要埋藏在古河道内，河岸弯曲回水漩涡处附近如有透水地层，也易形成丰富的地下水。

（2）钻探找水（如图 3-12 所示）

钻探分为人力钻探与机械钻探两种。人力钻探深度比较浅，用于浅井；机械钻探由专业的水文地质队配备钻机进行。

（3）电测法找水

电测法找水是通过观测不同岩石的导电性差异来了解地层岩石情况的技术和方法，是找水技术的主流发展方向。

找到水源了！

图3-11　经验找水　　　　　图3-12　钻探找水

19. 国家在抗旱方面有哪些主要的法律法规?

主要是《中华人民共和国抗旱条例》。

20. 哪些行为是违反国家抗旱法律法规的?

①拒不承担抗旱救灾任务的;②擅自向社会发布抗旱信息的;③虚报、瞒报旱情、灾情的;④拒不执行抗旱预案或者旱情紧急情况下的水量调度预案以及应急水量调度实施方案的;⑤旱情解除后,拒不拆除临时取水和截水设施的;⑥有滥用职权、徇私舞弊、玩忽职守等行为的;⑦截留、挤占、挪用、私分抗旱经费的;⑧水库、水电站、拦河闸坝等工程的管理单位以及其他经营工程设施的经营者拒不服从统一调度和指挥的;⑨侵占、破坏水源和抗旱设施的;⑩非法抢水、非法引水、非法截水或者哄抢抗旱物资等的(如图3-13所示);⑪阻碍、威胁防汛抗旱指挥机构、水行政主管部门或者流域管理机构的工作人员依法执行职务等的。

哄抢抗旱物资是违法行为!

图3-13　哄抢抗旱物资违法

21. 公众在抗旱方面主要有哪些义务?

①任何单位和个人都有保护抗旱设施和依法参加抗旱的义务,如图3-14所示;②发生干旱灾害,抗旱水源实行统一调度,有关单位和个人必须服从统一调度和指挥,严格执行调度指令;③干旱灾害发生地区的单位和个人应当自觉节约用水,服从当地人民政府发布的决定,

图3-14　义务参加抗旱

配合落实人民政府采取的抗旱措施,积极参加抗旱减灾活动;④在紧急抗旱期,所有单位和个人必须服从指挥,承担人民政府防汛抗旱指挥机构分配的抗旱工作任务。

22. 抗旱用水的基本原则是什么?

先保障生活用水,后保障生产生态用水;先用地表水,后用地下水;先节水,后调水;先用"活水",后用"死水"。

23. 应对干旱的主要措施有哪些?

①兴修水利,发展农田灌溉;②改进耕作制度,改变作物构成,选育耐旱品种,充分利用有限的降雨;③植树造林,改善区域气候,减少蒸发;④多管齐下,防治水土流

失；⑤研究应用现代技术和节水措施，如人工降雨、喷滴灌、地膜覆盖、保墒等。

24. 农业节水抗旱技术有哪些?

农业节水抗旱技术有：节水灌溉技术、节水抗旱栽培技术、化学调控抗旱措施等。

25. 节水灌溉技术有哪些?

节水灌溉的技术措施较多，按性质不同可分为三类：

①减少输水环节损失的措施：主要包括渠系配套和渠道防渗措施；②采用节水型灌水方法：主要有喷灌、微灌和改进的地面灌溉等技术；③有利节水的灌溉管理技术：根据作物的需水规律，控制和调配水源，以最大程度地满足作物对水分的需求，实现区域效益最佳的农田水分调控管理，如图3-15所示。

图3-15　节水型灌溉技术

26. 节水栽培技术有哪些?

①以土蓄水，深耕深松，打破犁底层，加厚活土层可加

大土壤蓄水量，促进作物根系发育，扩大根系吸收范围，提高土壤水分利用率；②选用抗旱品种，以种省水；③增施有机肥，平衡施肥；④防旱保墒的田间管理，主要是正确运用中耕和镇压使土壤保蓄水分；⑤地面覆盖保墒：一是薄膜覆盖；二是秸秆覆盖。如图 3-16 和图 3-17 所示。

图3-16　保蓄土壤水分

图3-17　地面覆盖保墒

27. 农业抗旱可以通过什么措施建立抗旱服务体系？

为减轻干旱对农业造成的影响和损失，可采取以下措施建立抗旱服务体系：①发展灌溉；②发展旱作农业；③治理水土流失；④推广节水技术；等等。

28. 生态抗旱主要通过什么措施改善、恢复因干旱受损的生态系统功能？

主要是通过调水、补水、地下水回灌等措施。

抗旱工程知识

29. 在抗旱工程中有哪些可以储备水源的设施?

主要有:塘坝、水窖、蓄水池、人工湖、水库等。

30. 水源工程有哪些?

①蓄水工程:为解决或缓和供需水矛盾,对径流进行调节采取的工程措施。常见的蓄水工程有水库工程、塘堰工程和水窖等。②自流引水工程:不经调蓄,利用水的重力作用即可满足灌区用水要求所采取的取水措施。一般分无坝自流引水工程和有坝自流引水工程两种。无坝自流引水工程是指在河流中选择适中的位置修建渠道,引河水自流灌溉。有坝自流引水工程是指河流水量较丰富而水位不能满足灌区自流灌溉要求时,在河流中建拦河坝、闸等挡水建筑物,使水位抬高至适当高程引水灌溉。③扬水工程:在靠近水源处建水泵站抽水,由输水管道送入干渠,然后分配到田间的工程。

④地下水开发工程：利用地下水作为灌溉水源的开发工程。根据取水方式不同，分为垂直取水和水平取水两种。垂直取水是由地面向下开挖或钻孔，直至含水层成井，使地下水流聚集在井内，利用深水泵或其他措施垂直取水。水平取水是在地表径流匮乏的山区、丘陵或沙漠地区，地表以下横向开挖、穿凿渠道或隧洞，水平方向延伸至含水层截取地下水。

⑤调水工程：从外流域引水补充本流域水源的工程。

31. 水资源调配工程是什么？

水资源调配是指通过采取时间调配工程和空间调配工程对水资源进行调蓄、输送和分配，实现水资源生态积蓄和优化调配。时间调配工程包括水库、湖泊、塘坝和地下水等蓄水工程，用于调整水资源的时程分布。空间调配工程包括河道、渠道、运河、管道、泵站等输水、引水、提水、扬水和调水工程，用于改变水资源的地域分布。

32. 农村供水工程是什么？

农村供水工程又称村镇供水工程，指向广大农村的镇区、村庄等居民点和分散农户供水，以满足村镇居民、企事业单位日常用水需要为主的供水工程。它是农村重要的公益性基础设施。

33. 灌溉工程是什么？

灌溉工程是为农田灌溉而兴建的水利工程。主要包括：

①蓄水工程：拦蓄河槽径流或地面径流的水库、塘坝；②引水工程：从河流或湖泊引水的渠首工程（如引水坝、进水闸等）或从区外引（调）水的渠道及附属建筑物；③提水工程：从低处向高处送水的抽水站；④输、配水工程：灌区内各级渠道及其构筑物（如隧洞、渡槽、倒虹吸、跌水、涵洞、节制闸、分水闸等）；⑤退泄水工程：退泄渠道中多余水量的泄水闸、泄水道、退水闸、退水渠等；⑥田间工程。

34. 人工降水是怎么回事？

人工降水，又称人工增雨，是指根据自然界降水形成的原理，人为补充某些形成降水的必要条件，促进云滴迅速凝结或碰并增长成雨滴，降落到地面。其方法是根据不同云层的物理特性，选择合适时机，用飞机、火箭向云中播撒干冰、碘化银、盐粉等催化剂，使云层降水或增加降水量，以解除或缓解农田干旱，增加水库灌溉水量或供水能力，增加发电水量等。

第四篇　抢险篇

水利工程基本知识

1. 什么是水利工程?

　　水利工程是指为了控制、调节和利用自然界的地面水和地下水，以达到除害兴利的目的而兴建的各种工程。

2. 什么是防洪工程?

　　防洪工程是为控制、防御洪水以减免洪灾损失所修建的工程。主要有堤防工程、河道整治工程、分洪工程和水库等，按功能和兴建目的可分为挡、泄（引）和蓄（滞）几类。一条河流或一个地区的防洪任务，通常由多种措施相结合构成的工程系统来承担。

3. 人们通过兴建哪些水利工程提高防洪标准?

　　主要有修筑堤防、兴建防洪水库、河道整治，利用蓄滞、分洪区分蓄洪水等。如图 4-1 所示。

图4-1 兴建水利

4. 什么是堤防工程?

堤防是修建在江河两侧、湖泊周围、海滩(岸)边缘、水库回水区外沿的挡水建筑物,是防洪、防潮、防浪的主要工程设施。如图4-2所示。

图4-2 堤防工程

5. 堤防工程的防洪标准如何确定? 级别如何划分?

堤防工程的防洪标准根据保护区内防护对象的防洪标准和经审批的流域防洪规划、区域防洪规划综合研究确定。堤防工程保护对象的防洪标准按现行国家标准《防洪标准》(GB

50201—2014）的有关规定执行。堤防工程的级别根据保护对象的防洪标准确定，详见下表。

防洪标准 / （重现期 / 年）	≥ 100	50~100	30~50	20~30	10~20
堤防级别	1	2	3	4	5

6. 什么是水库？水库在防汛中的作用是什么？

水库是拦洪蓄水和调节水流的水利工程，可以用来灌溉、发电、防洪和养鱼等。

水库在防汛中有调节洪水的功能，一是起滞洪作用，二是起蓄洪作用。如图 4-3 所示。

图4-3　水库

7. 水库与山塘是怎样划分的？

我国水库等级按总库容大小可划分为：

①大（1）型水库：大于或等于 10 亿立方米（$10 \times 10^8 \, m^3$）；②大（2）型水库：1 亿立方米（$1 \times 10^8 \, m^3$）~10 亿立方米（$10 \times 10^8 \, m^3$）；③中型水库：1 000 万立方米（$1\,000 \times 10^4 \, m^3$）~1 亿立方米（$1 \times 10^8 \, m^3$）；④小（1）型水库：100 万立方米（$100 \times 10^4 \, m^3$）~1 000 万立方米（$1\,000 \times 10^4 \, m^3$）；⑤小（2）型水库：10 万立方米（$10 \times 10^4 \, m^3$）~100 万立方米（$100 \times 10^4 \, m^3$）；⑥骨干山塘：1 万立方米（$1 \times 10^4 \, m^3$）~10 万立方米（$10 \times 10^4 \, m^3$）。

8. 什么是涵闸？

涵闸是涵洞、水闸的简称。涵洞是指堤、坝内的泄（引）水建筑物，用于水库放水、堤垸引泄水。水闸是修建在河道、堤防上的一种低水头挡水、泄水工程。汛期它与河道堤防和排水蓄水工程配合，发挥控制水流的作用。

9. 什么是泵站？

泵站是将电（热）能转化为水能进行排灌或供水的提水设施。它是机电排灌工程的核心，也是水利工程的重要组成部分。泵站通常由机电设备及其配套的土建工程组成。

根据用途、提水高度、规模的不同，泵站也有不同的分类。

按其用途可分为灌溉泵站、排水（排涝、排渍）泵站、灌排结合泵站、供水泵站、调水泵站、补水泵站等。

按泵站的提水高度可分为高扬程泵站、中等扬程泵站、

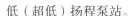

低（超低）扬程泵站。

按泵站的规模可分为大、中、小型泵站，分等见下表。

泵站等别	泵站规模	灌溉 / 排水泵站		工业、城镇供水泵站
		设计流量 / (m³/s)	装机功率 / (10⁴ kW)	
I	大（1）型	≥ 200	≥ 30	特别重要
II	大（2）型	50 ~ 200	10 ~ 30	重要
III	中型	10 ~ 50	1 ~ 10	中等
IV	小（1）型	2 ~ 10	0.1 ~ 1	一般
V	小（2）型	< 2	< 0.1	/

10. 排水泵站的基本类型主要有哪些？

按工作性质可分为雨水泵站、污水泵站、合流泵站。

雨水泵站主要应对降雨排水，提高排水系统的排水能力，防止城市内涝。

污水泵站是用潜污泵对生活污水、工业废水中的固体物进行搅匀，使污水达到排放标准后再利用提升装置将水输送至污水处理厂。

合流泵站拥有雨水泵站和污水泵站的主要功能，用于处理雨水、污水、工业废水的截污和排放。

11. 什么是蓄滞洪区？

蓄滞洪区主要是指河堤外临时贮存洪水的低洼地区及湖泊等，其中多数就是历史上江河洪水淹没和蓄洪的场所。蓄滞洪区包括行洪区、分洪区、蓄洪区和滞洪区。如图4-4所示。

图4-4 蓄滞洪区

12. 蓄滞洪区的就地避洪设施主要有哪些？

蓄滞洪区的就地避洪设施主要有：可就地避洪的围村埝（安全区）、避水台、避水楼（安全楼），目前保留完好确能起到防洪作用的城墙，其他就地避洪措施（大堤堤顶、高杆树木等），及蓄滞洪区内的机关、学校、工厂等单位和商店、影院、医院等公共设施，在较高地形处建设的集体避洪安全设施。如图4-5所示。

图4-5 避洪设施

13. 蓄滞洪区的安全撤离措施主要有哪些？

①基本情况核查：省级人民政府在汛前组织的对蓄滞洪

区居民情况的核查。②撤离道路和对口安置：蓄滞洪区所在地人民政府可根据避洪撤离需要，结合城乡道路建设，有计划地修建的公路和道路；按照行政区划、路程、交通条件，指定的撤离路线，落实的对口安置地点。③组织指挥和抢救：负责组织与指挥撤离的蓄滞洪区所在地人民政府；负责维持社会治安的公安机关；在统一指挥下，具体负责居民撤离与安置工作的乡村基层干部等，如图4-6所示。④车辆船只及材料准备：区内各乡、村有计划地配备必要的船只，供汛情

图4-6　有序组织

图4-7　保障供给

紧急时征用、调度，常年储存的抢救工具以及临时住宿搭棚的材料等。⑤食宿保障：撤离初期，各级人民政府组织非灾区机关、团体、商店制作熟食，供给受灾人民。安置基本就绪后，有计划地供应粮、菜、煤等保障灾民生活必需品，如图4-7所示。⑥防火、防疫：对灾民集中地应组织医疗队进行巡

回医疗，落实防火、防疫等措施。

14. 水库泄洪注意事项主要有哪些?

①下游各有关乡镇应提前将泄洪情况传达到各村（社区）、各户、各人，及早做好各项防范工作，确保人员安全；②下游沿河各乡镇应加强对辖区内堤防的巡查防守，发现问题要及时处理并上报，沿线防汛责任点相关成员单位，要对各自的责任段加强巡查，确保行洪畅通；③水库下游公众遇到水库泄洪和河道行洪时应停止所有涉水活动，远离河道。如图4-8所示。

请远离河道!

图4-8　泄洪时要远离河道

15. 防汛物资主要有哪些?

防汛物资是防汛抢险物资的简称，主要包含防汛抢险工具和防汛设备物资两大类。主要设备和用品涉及：①专用抢险机具：抛石机、植桩机等；②运输设备：拖拉机、翻斗车、汽车、驳船等；③机械设备：推土机、铲运机、挖掘机、装载机、压实机械等；④照明设备：应急手持电灯、柴油发电机组、汽油发电机等；⑤救生系统：海事卫星系统、救生设备、非充气式救生衣、充气式救生衣、溺水自动救生器、水上安全带、玻璃钢救生艇等；⑥砂石料：砂、石子、块石、料石等；⑦土工合成材料：土工织物、土工膜、土工复合材料及土工特种材料等四大类。

堤防工程主要险情认识

16. 什么是散浸（渗水）险情？

高水位下浸润线抬高，背水坡出逸点高出地面，引起土体湿润或发软，有水逸出的现象，称为散浸，也叫渗水或洇水，是堤防较常见的险情之一，如图4-9所示。当浸润线抬高过多，出逸点偏高时，若无反滤保护，就可能发展为冲刷、滑坡、流土，甚至陷坑等险情。如2016年华容县新华垸堤防溃口，即为治河渡镇南堤红旗闸堤段发生渗漏后迅速恶化发展成堤身开裂，导致右堤身下沉溃口。

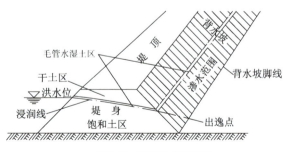

图4-9 堤身渗水示意图

17. 什么是管涌险情？

汛期高水位时，沙性土在渗流力作用下被水流不断带走，形成管状渗流通道的现象，即为管涌，也称翻沙鼓水、泡泉等，此险情称为管涌险情。该险情出水口冒沙并常形成沙环，故又称沙沸。在黏土和草皮固结的地表土层，有时管涌表现为土块隆起，称为牛皮包，又称鼓泡。管涌一般发生在背水坡脚附近地面或较远的潭坑、池塘或洼地，多呈孔状冒水、冒沙。出水口孔径小的如蚁穴，大的可达几十厘米。出水口个数少则一两个，多则数十个，称作管涌群。如图4-10所示。

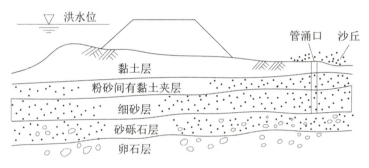

图4-10　管涌险情示意图

18. 什么是漏洞险情？

漏洞即集中渗流通道。在汛期高水位下，堤防背水坡或堤脚附近出现横贯堤身或堤基的渗流孔洞，俗称漏洞。此险情称为漏洞险情。漏洞可分为清水漏洞和浑水漏洞。如果漏洞出浑水，或由清澈变浑浊，或时清时浑，则表明漏洞正在迅速扩大，堤防有发生塌陷、坍塌甚至溃口的危险。

19. 什么是滑坡（脱坡）险情？

当滑动面上部呈圆弧形，坡脚附近地面往往被推挤外移、隆起，或沿地基软弱夹层滑动，称为滑坡，如图4-11所示。当堤坝内部沿软弱层开裂，并逐渐发展成纵向裂缝，使土体失稳的现象，称为脱坡，此险情称为脱坡险情，如图4-12所示。

图4-11　滑坡险情图　　　　　图4-12　脱坡险情图

20. 什么是裂缝险情？

堤防裂缝按其出现的部位可分为表面裂缝、内部裂缝，按其走向可分为横向裂缝、纵向裂缝、龟纹裂缝，按其成因可分为沉陷裂缝、滑坡裂缝、干缩裂缝、冰冻裂缝、震动裂缝。其中以横向裂缝和滑坡裂缝危害性最大，应加强监视监测并及早抢护。堤防裂缝是常见的一种险情，也可能是其他险情的先兆。如图4-13所示。

图4-13　裂缝险情图

21. 什么是陷坑（跌窝）险情？

陷坑又称跌窝，一般是在大雨过后或在持续高水位情况下，堤防突然发生局部塌陷而形成的险情。陷坑在堤顶、堤坡、戗台（平台）及堤脚附近均有可能发生。这种险情既可能破坏堤防的完整性，又有可能缩短渗径，有时是由管涌或漏洞等险情所造成的。

22. 什么是漫溢险情？

浸溢险情是指实际洪水位超过现有堤顶高程，或风浪翻过堤顶，如不迅速加高抢护，洪水将漫入堤坝进入堤内。如2017

图4-14　浸溢险情图

年资水新化县城西防洪堤下游低洼段，防洪标准较低，遭遇超保证水位的洪水，出现漫溢险情。如图 4-14 所示。

23. 什么是决口？

当江河湖泊堤防在洪水的长期浸泡和冲击作用下，或当洪水的冲击力度超过堤防的抗御能力，或在汛期抢护不当或不及时时，会造成堤防决口。

24. 什么是风浪险情？

汛期江河涨水后，水面加宽，堤前水深增加，风浪也随之增大，堤防临水坡在风浪的连续冲击淘刷下，易遭受破坏。轻者使临水坡淘刷成浪坎，重者造成堤防坍塌、滑坡、漫溢等险情，使堤身遭受严重破坏，以致溃决成灾。此险情称为风浪险情，如图 4-15 所示。

图4-15　风浪险情图

水库工程主要险情认识

水库工程中常出现渗漏、管涌、流土、裂缝、塌陷、滑坡、剥落、冲刷与淘刷等险情。

25. 什么是渗漏险情?

渗漏是指在高水位作用下,库水通过坝体孔隙向外渗透,在大坝下游坝坡或坝基以上出现散浸或集中渗流的现象。

26. 什么是管涌险情?

管涌是土体渗透变形的一种常见形式,即土体中的颗粒在渗流的作用下从骨架孔隙通道流失的现象。管涌一般仅发生于无黏性土中,既可以发生于渗流出逸处,也可以发生于土体内部。当发生于渗流出逸处时,常在土坝下游坡面、大坝下游坡脚的坝趾近区、大坝左右岸坡的下游坡面及坡脚附近等处出现险情。

27. 什么是流土险情？

流土是土体渗透变形的一种常见形式，即在渗流的作用下，局部土体表面隆起或粗细土体颗粒同时浮动而流失的现象。流土既可以发生于黏性土中，也可以发生在无黏性土中。流土发生于渗流出逸处而不发生于土体内部。渗流出逸处发生流土的常见部位与管涌相同。工程地基开挖过程中的流沙现象，亦为流土的一种体现。

28. 什么是裂缝险情？

裂缝是构件变形后产生开裂的一种体现，是常见的一种险情，有时也是其他险情的预兆，如滑坡裂缝。按部位来分，土石坝有表面裂缝和内部裂缝；按方向可分为龟纹裂缝、横向裂缝、纵向裂缝、斜向裂缝；按产生的原因可分为干缩裂缝、冻融裂缝、沉陷裂缝和滑坡裂缝。土石坝产生裂缝的部位很多，主要有坝上游坡、下游坡、坝顶路面、防浪墙等。

29. 什么是塌陷险情？

在持续高水位情况下，在坝的顶部、迎水坡、背水坡及其坡脚附近突然发生局部下陷而形成的险情。塌陷是地基土体沉降的一种表象体现，可能是设计不当、施工缺陷、工程运行过程中人为因素或其他荷载作用引起的地面变形。

30. 什么是滑坡险情?

滑坡指土石坝坝体的一部分（有的还包含部分坝基），在施工或竣工后的运行期，因各种内外因素的综合影响，导致滑动力大于滑裂面上的阻滑力，从而失去平衡，即脱离原来的位置向下滑动的一种现象。

31. 什么是剥落险情?

剥落指建筑物表面因其质量差，或年久失修，或自然条件影响下呈片状分层脱落的现象。小型水库工程常见的剥落有坡面护坡体的剥落。

32. 什么是冲刷与淘刷险情?

冲刷与淘刷指水流对建筑物或地层产生的摩擦剥蚀现象。水流流速较大时，冲击力较大，对建筑物或地层表面产生冲击，导致摩擦剥蚀，称为冲刷；水流流速较小时，对建筑物或地层表面的直接冲击不严重，但仍出现单向或来回双向的摩擦剥蚀现象，称为淘刷。

涵管、隧洞、溢洪道等建筑物的进出口，因流速对建筑物或地层表面有冲击作用，常出现冲刷现象。有些渗流的出逸处，如土石坝下游坡面、下游坡脚的坝趾近区等，常出现渗漏现象，同时渗流对土体产生了淘刷作用。

33. 什么是闸门工作故障？

闸门工作故障，亦称闸门操控失灵，指闸门无法启闭，无法发挥控制水流的作用，如闸门启用过程中被卡住、止水橡皮摩擦损坏、滚轮失灵、闸门震动过大、门体启闭不到位等现象。小型水库工程中，常因设计不当、施工制作质量差、运行管理不当、年久失修等人为或自然的因素，闸门的启闭出现工作故障。

34. 什么是启闭机工作故障？

启闭机工作故障，亦称启闭机操控失灵，指无法启动启闭机操控闸门，或启动不到位，从而无法正常使用；或钢丝绳润滑油干硬导致与相关构件发生机械磨损；或钢丝绳与固定构件碰撞产生摩擦损坏；或钢丝绳断裂；或启闭吊杆、拉杆出现扭曲、卡住、断裂；或地脚螺栓松动；或电源系统出现故障等现象。

闸门启闭失灵的主要原因有闸门变形、丝杆扭曲、启闭设备损坏、地脚螺栓松动、钢丝绳断裂、滚轮失灵及闸门震动等，往往造成闸门关不上、提不起或卡住，而导致运用失控，危及闸身安全。

堤防工程主要险情抢护方法

四

35. 散浸（渗水）险情抢护方法主要有哪些？

①临水截渗法：临水截渗法是通过增加阻水层，减小渗水量，降低浸润线，以达到控制渗水险情发展和稳定堤坝边坡目的的一种方法。此法分为：土工膜截渗法、黏土前戗截渗法、桩柳（土袋）前戗截渗法。一般根据临水的深度与流速、风浪的大小、取土的难易酌情采取其中的某一方法。

其一，土工膜截渗法。当缺少黏性土料，在堤防临水坡相对平整且无明显障碍，同时水较浅时，可采用此法。具体做法：在铺设前，将临水坡面铺设范围内的树枝、杂物清理干净，土工膜的宽度和沿边坡的长度可根据边坡尺寸预先黏结或焊接好，以铺满渗水段边坡并深入临水坡脚外 1.0 m 以上为宜，边坡宽度不足时可以搭接，但搭接长度应大于 0.5 m，土工膜底端固定在钢管上，铺设时从堤顶顺坡向下滚动展开。土工膜铺设的同时用土袋压盖，以便贴坡。如图 4-16 所示。

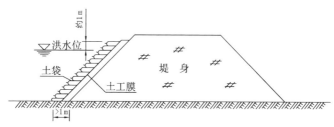

图4-16　土工膜截渗法示意图

　　其二，黏土前戗截渗法。当堤前水不深，流速、风浪不大，附近有黏性土料，而且取土较易时，可采用此法。具体做法：先将边坡上的杂草、树木等杂物尽量清除，抛填方向可从堤肩沿迎水坡由上往下向水中缓缓推下，一般抛土段长度要超过渗水段两端各 3.0 ~ 5.0 m，前戗顶高出水面约 1.0 m。如图 4-17 所示。

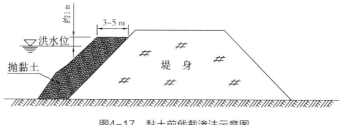

图4-17　黏土前戗截渗法示意图

　　其三，桩柳（土袋）前戗截渗法。当水较深或风浪、流速较大时，土料易被冲失，可用此法。具体做法：如果水浅，可在临水坡脚外砌筑一道土袋防冲墙，其厚度与高度以能防止溜冲戗土为宜。水较深时，因水下土袋筑墙困难，工程量大，可做桩柳防冲墙，即在临水坡脚前 0.5 ~ 1.0 m 处，打木桩一排，桩距 1 m，桩长根据水深和溜势决定，一般以桩身入土

1 m、桩顶高出水面为宜。在打好的木桩上，用柳枝、芦苇等梢料编成篱笆，或者用竹竿、木杆将木桩连起，木桩顶端用 8 号铅丝或麻绳与顶面或背水坡上的木桩拴牢，然后抛投土袋和土料，填筑土戗。戗体尺寸和质量要求参照上述黏土前戗截渗法。如图 4-18 和图 4-19 所示。

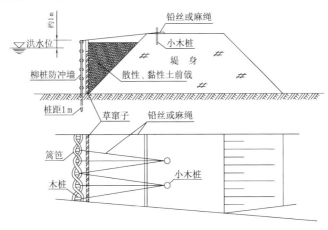

图4-18　桩柳前戗截渗法示意图（上：剖面图，下：平面图）

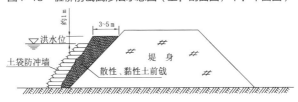

图4-19　土袋前戗截渗法示意图

②背水反滤导渗沟法：当堤坝背水坡大面积严重渗水，而在临水侧迅速做截渗有困难时，只要背水坡无脱坡或渗水有变浑浊的情况，可在背水坡及其坡脚处开挖导渗沟，但必须避免水流带走土料颗粒，使险情趋于稳定。背水反滤导渗

沟按填筑材料的不同分为：砂石导渗沟、土工织物导渗沟、梢料导渗沟等三种。背水反滤导渗沟的布置形式可分为纵横沟、"Y"字形沟和"人"字形沟等，以"人"字形沟的应用最为广泛、效果最好，"Y"字形沟次之。如图4-20、图4-21、图4-22所示。

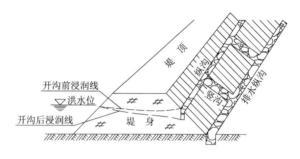

图4-20　纵横沟导渗示意图

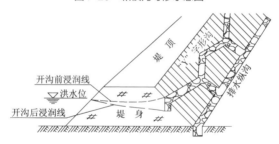

图4-21　"Y"字形沟导渗示意图

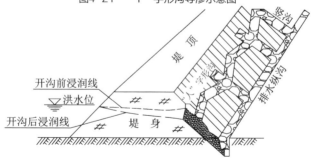

图4-22　"人"字形沟导渗示意图

　　背水反滤导渗沟的开挖深度、宽度和间距应根据渗水程度和土壤性质来确定。一般情况下，开挖深度、宽度和间距分别为 30～50 cm、30～50 cm 和 6～10 m。导渗沟的开挖高度，一般要达到或略高于渗水出逸点位置。导渗沟的出口，以导渗沟所截得的排出水离堤脚 2.0～3.0 m 外为宜，尽量减少渗水对堤脚的浸泡。

　　反滤料铺设。边开挖导渗沟，边回填反滤料。反滤料为砂石料时，应控制含泥量，以免影响导渗沟的排水效果；反滤料为土工织物时，土工织物应与沟的周边结合紧密，其上回填碎石等一般的透水料，土工织物搭接宽度以大于 20 cm 为宜；回填滤料为稻糠、麦秸、稻草、柳枝、芦苇等时，其上应压透水盖重。反滤导渗沟对维护边坡表面土的稳定是有效的，而对降低堤坝浸润线和背水坡出逸点高程的作用相当有限。防治渗水，要视工情、水情、雨情等因素，确定是采用临水截渗法还是透水后戗法。

　　③背水坡贴坡反滤导渗法：当堤坝透水性较强，在高水位下长时间浸泡时，易导致背水坡面渗流出逸点以下土体软化，经挖沟实验，采用导渗沟的方法有困难，同时反滤料又比较容易取得，可在背水坡做贴坡反滤导渗。抢护前，先将渗水边坡的杂草、杂物及松软的表土清除干净，再按要求铺设反滤料。根据所使用的反滤料的不同，背水坡贴坡反滤导渗法可以分为三种：土工织物反滤层法、砂石反滤层法、梢料反滤层法。如图 4-23、图 4-24、图 4-25 所示。

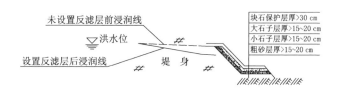

图4-23　土工织物反滤层法示意图

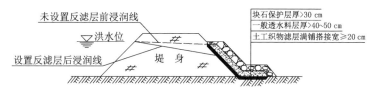

图4-24　砂石反滤层法示意图

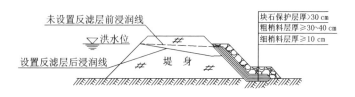

图4-25　梢料反滤层示意图

④透水后戗法（透水压浸台法）：当堤防断面单薄、背水坡较陡、渗水面积大、堤线较长、全线抢筑透水压渗平台的工作量大时，可以结合导渗沟加间隔透水压渗平台的方法进行抢护。透水后戗法根据使用材料的不同，有沙土后戗法、梢土后戗法两种。

沙土后戗法。先将边坡渗水范围内的杂草、杂物及松软表土清除干净，再用沙砾料填筑后戗，分层填筑密实，每层厚度30 cm，顶部高出浸润线出逸点0.5～1.0 m，顶宽2.0～3.0 m，戗坡的坡比一般为1∶5～1∶3，长度超过渗水堤段两端至少3.0 m。如图4-26所示。

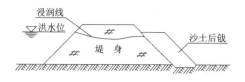

图4-26　沙土后戗法示意图

梢土后戗法。当填筑砂砾压渗平台缺乏足够物料时，可采用梢土代替沙砾，筑成梢土压浸平台。其外形尺寸以及清基要求参照沙土后戗法，梢土压渗平台厚度为 1.0～1.5 m。贴坡段及水平段梢料均为三层，中间层粗，上、下两层细。如图 4-27 所示。

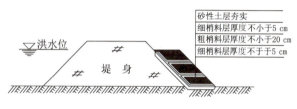

砂性土层夯实
细梢料层厚度不小于5 cm
粗梢料层厚度不小于20 cm
细梢料层厚度不于5 cm

图4-27　梢土后戗法示意图

36. 管涌险情抢护方法主要有哪些?

根据抢险实践，单一管涌险情抢护可采用反滤围井法，管涌群险情抢护采用反滤层压盖法最为有效和持久，应优先考虑。

①反滤围井法：在管涌口处用编织袋或麻袋装土抢筑围井，井内同步铺填反滤料从而制止涌水带走沙子，以防险情进一步扩大。当管涌口很小时，也可用无底的水桶或汽油桶做围井。这种方法适用于发生在地面的单个管涌或管涌数目

虽多但比较集中的情况。对水下管涌，当水较浅时也可以采用此法。根据所用反滤料的不同，反滤围井可分为砂石反滤围井、土工织物反滤围井、梢料反滤围井。

围井面积应根据地面情况、险情程度、物料储备等来确定。在抢筑时，先将拟建围井范围内杂物清除干净，并下挖井内软泥深度约 20 cm，周围用土袋垒成围井，在预计蓄水高度的围井上埋设排水管，蓄水高度以能够控制住涌水带沙为原则，但也不能过高，一般不超过 1.5 m。井内按要求铺设反滤料物，其厚度按出水基本不带沙的原则来确定。如涌水过大，填筑反滤料有困难时，可先用块石或砖块袋装填塞，待水势消减后，再填筑滤料，如发现填料下沉，宜及时补充。背水地面有集水坑、水井内出现翻砂鼓水的，可直接倒入滤料，形成围井。对管涌群，可以根据管涌口的间距选择单个或多个围井进行抢护。围井与地面应紧密接触，以防造成漏水，使围井水位无法抬高。如图4-28所示。

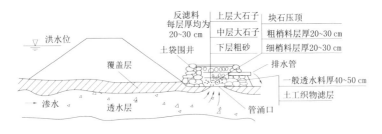

图4-28　反滤围井示意图

②反滤层压盖法：在出现大面积管涌或管涌群时，若料

源充足，则采用反滤层压盖的方法，可降低涌水流速，阻止地基泥沙流失，稳定险情。反滤层压盖必须用透水性好的材料，切忌使用不透水材料。根据所用反滤材料的不同，可分为砂石反滤层压盖、梢料反滤层压盖、土工织物反滤层压盖。如图4-29、图4-30、图4-31所示。

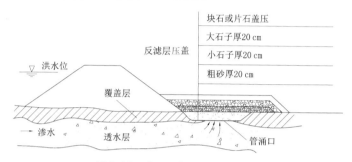

图4-29　砂石反滤层压盖法示意图

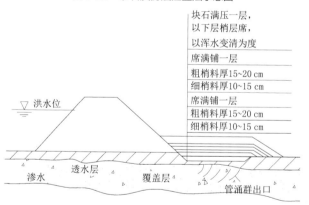

图4-30　梢料反滤层压盖法示意图

抢筑前，先清理铺设范围内的软泥和杂物，对其中涌水带沙较严重的管涌出口，用块石或砖块抛填，以消减水势。再往已清理好的有大片管涌群的区域，按反滤要求铺设反滤

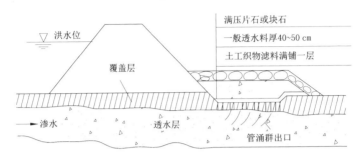

图4-31 土工织物反滤层压盖法示意图

物料，做反滤层压盖。

③透水压渗台法：此法适用于涌水较多、范围较大、反滤料不足而沙土料源丰富之处。具体做法：先将筑台范围内的软泥、杂物清除，对渗水较严重的涌水口用砂石或块石、砖块堵塞，待水势消减后，用透水性强的沙土修筑平台，即为透水压渗台。其长、宽、高等尺寸视具体情况确定，以能阻止涌沙，让浑水变清为原则。

④蓄水反压法（俗称养水盆）：通过抬高管涌区内的水位来减小堤内外的水头差，从而降低渗透压力，减少出逸水处的坡降，达到制止管涌破坏和稳定管涌险情的目的。

该方法的适用条件是：第一，闸后有渠道，堤后有坑塘，利用渠道水位或坑塘水位进行蓄水反压；第二，覆盖层相对薄弱的老险工段，结合地形，做专门的大围堰（或称月堤，详见图4-32）蓄水反压；第三，极大的管涌区，其他反滤盖重难以见效或缺少砂石料的地方。

蓄水反压的主要形式有：第一，渠道蓄水反压。一些穿

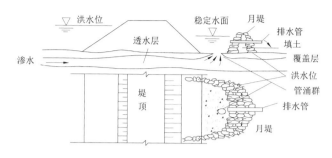

图4-32　背水月堤示意图（上：剖面图，下：平面图）

堤建筑物后的渠道内，由于覆盖层减薄，常产生一些管涌险情，且沿渠道在一定长度内发生。针对这种情况，可以在发生管涌的渠道下游做隔堤，隔堤高度与两侧地面平齐，蓄水平压后，可有效控制管涌的发展。第二，塘内蓄水反压。有些管涌发生在塘中，在缺少砂石料或交通不便的情况下，可沿塘四周做围堤，抬高塘中水位以控制管涌，但应注意不要将水面抬得过高，以免周围地面出现新的管涌。第三，围井反压。对于大的管涌区或老的出险工段，由于覆盖层很薄，为确保汛期安全度汛，可抢筑大的围井，并蓄水反压，控制管涌险情。采用围井反压时，由于井内水位高、压力大，围井要有一定的强度，同时应严密监视周围是否出现新管涌，切忌在围井附近取土。第四，水下管涌抢险。在坑、塘、水沟和水渠等处出现水下管涌时，可结合具体情况，采用填塘、水下反滤层、蓄水反压等方法抢护。第五，"牛皮包"的处理。当地表土层在草根或其他胶结体作用下凝结成一片时，渗透水压把地表土层顶起而形成的鼓包，俗称为"牛皮包"。一般可在隆起的部位铺麦秸或稻草一层，厚10~20 cm，其上再铺柳枝、秫秸或芦苇一层，厚 20 ~ 30 cm。如厚度超过 30 cm 时，可分横竖两层铺放，再压土袋或块石。

37. 漏洞险情抢护方法主要有哪些？

①临水堵截法：当探摸到洞口较小时，一般可用软性材料堵塞，并盖压闭气；当洞口较多情况又复杂，洞口一时难以寻找到时，可采用大篷布或土工膜顺坡铺盖洞口；当水较浅时，可在临水修筑月堤，截断进水；或者可在临水坡面用黏性土料帮坡，也可铺放篷布、土工膜等以起到防渗和堵截作用。

塞堵法。当漏洞进口较小，周围土质较硬时，除立即用棉絮、棉被、草包或编织袋包等填塞外，还可用预制的软楔、草捆堵塞。此法适用于水浅、流速小，只有一个或少数洞口、可以接近的地方。

盖堵法。用铁锅、软帘、网兜和薄木板等物，先盖住漏洞进水口，再在上面抛压土袋或抛填黏土，以截断漏洞的流水。根据覆盖材料的不同，可采用软帘盖堵、复合土工膜排体抢护。如图 4-33 所示。

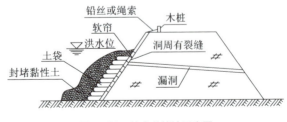

图 4-33 软帘盖堵法示意图

　　戗堤法。当堤坝临水坡漏洞数量较多，漏水较小，而范围又较大，进水口难以找准或找不全时，可采用抛土袋和黏土填筑前戗或临水筑月堤的方法进行抢护。第一，黏土前戗截漏法，如图4-34所示。在洞口附近区域沿临水坡由上而下、由里而外向水中抛填黏土，一般形成厚3.0～5.0 m、高出水面约l m的黏土前戗，封堵整个漏洞区域，当遇到填土从洞口冲出的情况时，可先在洞口两侧抛填黏土，同时准备一些土袋，集中抛填于洞口区域，初步堵住洞口后再抛填黏土，闭气截流，达到堵漏目的。第二，临水筑月堤法，如图4-35所示。若临水面水较浅、流速较小，可在洞口范围内用土袋修成月形围堰，将漏洞进水口围在堰内，再填筑黏土以封闭。

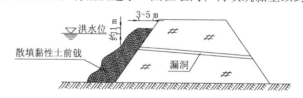

图4-34　黏土前戗截漏法示意图

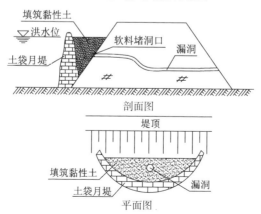

图4-35　临水月堤堵漏法示意图

②背水导滤法：在临水截堵漏洞的同时，还应在背水漏洞出口处抢做滤水工程，以防止泥沙外流，控制险情继续扩大。通常采用的方法有反滤围井法、反滤层压盖法和透水压渗台法（适用于漏洞出口小而多的情况）。

38. 滑坡（脱坡）险情抢护方法主要有哪些？

①滤（透）水土撑法（如图4-36所示）：此法适用于背水堤坡排渗不畅、滑坡严重且范围较大、取土又较困难的堤段。具体做法：先将滑坡体松土清理，然后在滑坡体上顺坡到坡脚挖沟，沟内按反滤要求铺设反滤材料，并在其上做好覆盖保护。顺着滤沟向下游挖明沟，以利于渗水排出。抢护方法参照渗水抢险采用的导渗沟法。土撑可在导渗沟完成后抓紧抢修，其尺寸应视险情和水情确定。一般每条土撑顺堤方向长 10.0 m 左右，顶宽 5.0 ~ 8.0 m，边坡 1:5 ~ 1:3，间距 8.0 ~ 10.0 m，土撑顶应高出浸润线出逸点 0.5 ~ 2.0 m。土撑采用透水性较强的土料，分层填筑适当夯实。如堤基不好，或背水坡脚靠近坑塘，或有渍水、软泥等，需先用块石、沙袋固基，用沙土填塘，其高度应高出水面 0.5 ~ 1.0 m。

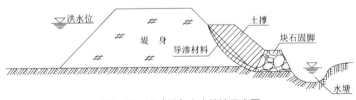

图4-36 滤（透）水土撑法示意图

②滤水后戗法：俗称马道。当背水坡滑坡严重，且堤身单薄，边坡过陡，滤水材料和土较易取得时，可在其范围内全面抢筑滤水后戗。具体做法参照上述滤（透）水土撑法，区别在于滤（透）水土撑法中的土撑是用以间隔抢筑，而滤水后戗法则是全面、连续抢筑，其长度应超过滑坡堤段两端各 5~10 m，或当滑坡面土层过于稀软不易做滤沟时，可用土工织物、砂石做反滤材料代替，参照渗水抢险采用的反滤层法。

③滤水还坡法：凡采用反滤结构恢复堤防断面、抢护滑坡的措施，均称为滤水还坡法。此法适用于背水坡的土料因渗透系数偏小引起堤身浸润线升高、排水不畅而形成的严重滑坡堤段。滤水还坡法分为导渗沟滤水还坡法、反滤层滤水还坡法、沙土还坡法、梢土（柴土）滤水还坡法。

导渗沟滤水还坡法。先在背水坡滑坡范围内做好导渗沟，其做法参照上述滤（透）水土撑法。然后，将滑坡顶部陡立的土堤削成斜坡，并将导渗沟覆盖保护后，用砂性土夯实后还坡。如图 4-37 所示。

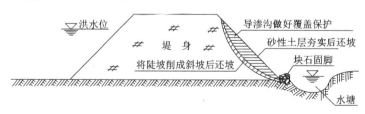

图4-37　导渗沟滤水还坡法示意图

反滤层滤水还坡法。此法可参照导渗沟滤水还坡法的做法，只是将导渗沟改为反滤层，反滤层的做法参照渗水抢险采用的反滤层法。

沙土还坡法。其作用与渗水抢险采用的沙土后戗法相同。因沙土透水性良好，用沙土还坡时，坡面不需做滤水处理。具体做法：将滑坡的滑动体清除后，最好将坡面做成台阶形状，再分层填筑夯实，恢复到原断面。如用粗沙、中沙还坡，断面不必加大；若用细沙或粉沙还坡，边坡可适当放缓。

梢土（柴土）滤水还坡法。具体做法参照渗水抢险采用的梢土后戗法，区别是滑坡抢险修筑的断面是斜三角形，各坯梢土层为下宽上窄长度不等，如图4-38所示。

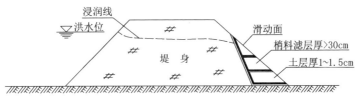

图4-38　梢土滤水还坡法示意图

④护脚阻滑法：护脚阻滑法的目的在于增加阻力，减小滑动力，制止滑坡发展，以稳定险情。具体做法：查清滑坡范围，将块石、土袋、铅丝石笼等重物抛投在滑坡体下部坡脚附近，使其能起到阻止坡体继续下滑和固基的作用。护脚加重的数量可由边坡稳定计算确定。应将滑动体上部重物移走，还要视情况将坡度削缓，以减小滑动力。

⑤前戗截渗法（临水帮戗法）：此法是在临河侧用黏性土修戗截渗，当背水坡滑坡严重，且范围较大，用背水坡抢筑

滤水土撑、滤水后戗、滤水还坡等工程需较长时间，一时难以奏效，而临水坡有条件抢筑截渗土戗时，可采用此法，该法也可与抢护背水滑坡同时进行。前戗截渗法实施参照渗水抢险时采用的黏土前戗截渗法。

39. 裂缝险情抢护方法主要有哪些？

①开挖回填法：此法适用于经过观察和检查已经稳定、缝宽大于 1 cm、深度超过 1.0 m 的非滑坡（或坍塌崩岸）性纵向裂缝。开挖前，用经过滤的石灰水灌入裂缝，便于了解裂缝的走向和深度。开挖时，一般采用梯形断面，沿裂缝开挖一条沟槽，挖到裂缝以下 0.3～0.5 m，底宽至少 0.5 m，边坡应满足稳定新旧填土紧密结合状态的要求，每级台阶高宽控制在 20 cm 左右，以利稳定新旧填土的结合状态，沟槽两端应超过裂缝 1.0 m。回填土料应和原堤土类相同，含水量相近，并控制含水量在适宜范围内。回填土要分层夯实，每层厚度约 20 cm，顶部高出堤面 3.0～5.0 cm，并做成拱弧形，以防雨水灌入。如图 4-39 所示。

②横墙隔断法：此法适用于横向裂缝。具体做法：第一，除沿裂缝方向开挖沟槽外，在与裂缝垂直的方向每隔 3.0～5.0 m 增挖沟槽，并重新回填黏土夯实，形成梯形横墙，截断裂缝。槽长一般为 2.5～3.0 m，其他开挖和回填要求参照上述开挖回填法。第二，如裂缝临水前端已与河水相通，或有连通的可能时，在开挖沟槽前，应先在堤防临水面筑前戗截流。若在

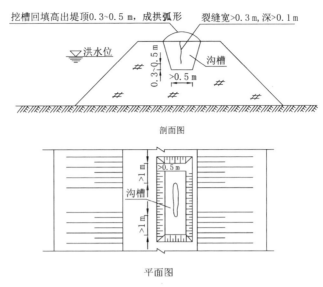

图4-39　开挖回填法处理裂缝示意图

沿裂缝背水坡已有水渗出时，还应同时在背水坡修反滤导渗。

第三，当裂缝漏水严重，险情紧急，或者在河水猛涨，来不及全面开挖沟槽时，可先沿裂缝每隔3.0～5.0 m挖竖井，并回填黏土截堵，待险情缓和后，再伺机采取其他处理措施。如图4-40所示。

③封堵缝口：分为灌堵缝口和裂缝灌浆。

灌堵缝口。对宽度小于3.0～4.0 cm、深度小于1.0 m，不甚严重的纵向裂缝及不规则纵横交错的龟纹裂缝，经检查已经稳定时，可用此法。具体做法：把干而细的沙壤土灌入缝口，再用木条或竹片捣实。沿裂缝建筑宽为5～10 cm、高为3～5 cm的拱形土埂，压住缝口，以防雨水浸入。如灌完沙壤土后，又有裂缝出现，证明裂缝仍在发展，应仔细判明原因，

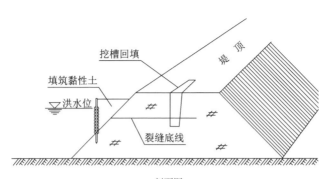

剖面图

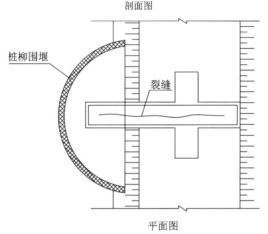

平面图

图4-40 横墙隔断法处理裂缝示意图

根据情况另选适宜的处理方法。

裂缝灌浆。对缝宽较大、深度较小的裂缝,可用自流灌浆法处理。即在裂缝上开宽、深各 0.2 m 的沟槽,先入清水灌一下,接着灌入水土质量比为 1∶0.15 的稀泥浆,再灌入水土质量比为 1∶0.25 的稠泥浆,泥浆土料可采用壤土或沙壤土,灌满后封堵沟槽。如裂缝较深,采用开挖回填法困难时,可采用压力灌浆法处理。先逐段封堵缝口,然后将灌浆管直接插入缝内灌浆，或封堵全部缝口，在裂缝侧边也打眼灌浆，反复灌实。灌浆压力一般控制在 0.120 MPa 左右，避免跑浆。压力灌浆的方法适用于已稳定的纵横裂缝，而不能用于滑动性裂缝，以免加速裂缝发展。

④土工膜盖堵法（或称土工织物盖堵法）：洪水期堤防常发生纵向、横向裂缝。如发生横缝，深度大且贯穿大堤断面的，可采用此法。应用防渗土工薄膜、复合土工薄膜或土工织物，在临水堤坡全面铺设，并在其上用土帮坡或铺压土袋、沙袋等，使水与堤隔离，起截渗作用。在背水坡采用透水土工织物进行反滤排水，保持堤身土粒稳定。

40. 陷坑（跌窝）险情抢护方法主要有哪些?

①翻填夯实法：未伴随渗透破坏的跌窝险情，只要具备抢护条件，均可采用这种方法。具体做法是先将跌窝内的松土翻出，然后分层回填夯实，恢复堤防原貌。如跌窝出现在水下且水不太深时，可修土袋围堰或用桩柳围堤，先将水抽干后，再翻筑。如图 4-41 所示。

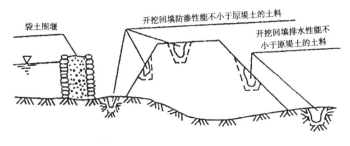

图4-41 翻填夯实法示意图

②填塞封堵法：这是一种临时抢护方法，适用于堤身单薄、堤顶较窄的临水坡水下较深部位的跌窝。具体方法是用土工编织袋、草袋或麻袋装黏性土等，直接在水下填塞跌窝，填满后再抛投黏性散土用以封堵和帮宽，要求封堵严密，避免从跌窝处形成渗水通道。如发现漏洞进水口，应立即按抢堵漏洞的方法进行抢修。水位回落后，还需按照翻填夯实法重新进行翻筑处理。如图 4-42 所示。

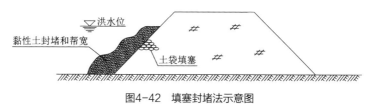

图4-42　填塞封堵法示意图

③填筑反滤料法：对伴有渗水、管涌险情、不宜直接翻筑的背水坡跌窝，可采用此法。具体做法是先将跌窝内松土和湿软土壤挖出，然后用粗沙填实。如渗涌水势较大，可加填石子或块石、砖块、梢料等透水料消减水势后，再予以填实。待跌窝填满后，再按反滤层的铺设方法进行抢护。如图 4-43 所示。

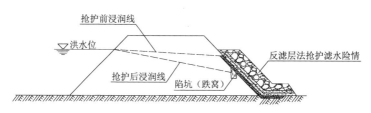

图4-43　填筑反滤料法示意图

41. 漫溢险情抢护方法主要有哪些？

防止漫溢的抢护方法，不外乎蓄、泄、挡三个方面。蓄和泄是运用上游水库进行调蓄，或沿河采取临时性分洪、滞洪和行洪措施；挡则是采取以修筑子堤为主的工程措施，提高堤防挡水能力。具体抢护方法是抢修子堤，主要有以下几种形式，可根据实际情况确定。

①纯土子堤（埝）抢护法：适用于堤顶较宽、风浪不大、取土方便的地段。土质宜选黏性土（或与堤身相似的土料）。修筑时，先将堤顶（拟修子堤处）的杂草、杂物清除干净，沿子堤轴线在堤顶挖一条结合槽，槽深为 0.2 m，底宽约 0.3 m，边坡为 1∶1，然后进行填筑。修筑子堤应从子堤的背水坡脚线开始填土，分层填土夯实，土内不能混杂碎砖、石块等杂物。子堤须设在堤顶靠临水肩一边，子堤临水坡脚应离上游堤肩约 0.5~1.0 m，顶宽为 1 m，边坡不陡于 1∶1，堤顶高度应超出可能达到的最高洪水位 0.5~1.0 m。如图 4-44 所示。

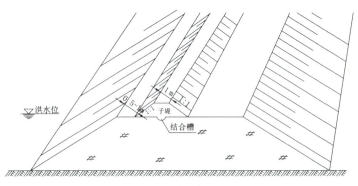

图4-44　纯土子堤（埝）抢护法示意图

②土袋子堤（埝）抢护法：适用于堤坝较窄，风浪较大、取土困难的堤段。一般用麻袋、草袋、编织袋等装土，约七八成满，最好是黏性土，不扎口。土袋子堤距临水堤肩约0.5～1.0 m，袋口朝背水面，排列紧密，错开袋缝，上下层交错掩压，土袋临水处筑成1∶0.5～1∶0.3的坡度。不足1.0 m高的子堤，临水排铺一排土袋（或一丁一顺）。对较高的子堤，底层可酌情铺排两排及以上的土袋。土袋的背水面修土戗，应随土袋的逐层垒高而分层铺土夯实，土袋内侧缝隙可在铺砌时分层用沙土填密实，外露缝隙用稻草、麦秸等塞紧实，背水坡以不陡于1∶1为宜。堤顶高程应超出推算的最高水位，并保持一定超高。如图4-45所示。

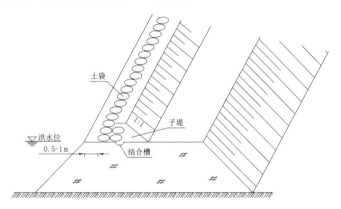

图4-45　土袋子堤（埝）抢护法示意图

③桩柳（桩板）子堤（埝）抢护法：当抢护堤段缺乏土袋，土质较差，可就地取材修筑桩柳（桩板）子堤。在临水堤肩1.0 m处先打木桩一排，桩长根据埝高而定，梢径约

0.06 ~ 0.1 m，深度为桩长的 1/3 ~ 1/2，桩距为 0.5 ~ 1 m。将柳枝或芦苇等捆成长 2 ~ 3 m、直径约 20 cm 的柳枝（芦苇）把，用铅丝或麻绳绑扎于桩上，自下而上紧靠木桩逐层叠放，应先在堤上开挖约 10 cm 的槽沟，将柳把置入沟内，在柳把上面散置一层厚约 20 cm 的秸料，然后分层铺土夯实，做成土埝，埝顶宽为 1 m，背水坡不陡于 1：1，做法参照纯土子堤抢护法。若堤上平面较窄，可用双排桩柳或桩板的子埝，里外两排桩的净桩距为 1.1 ~ 1.5 m（用桩板时的距离可小些，用桩柳时的距离可大些）。对应两排桩的桩顶用 18 ~ 20 号铅丝拉紧或用木杆连接牢固。两排桩内侧分别绑上柳枝把或散柳枝、木板等，中间分层填土并夯实，与堤接合部同样要开挖轴线结合槽。

④柳石（土）枕子堤抢护法：对取土困难而柳树源丰富的抢护堤段，可用抢筑柳石（土）枕子堤的方法。具体做法是用 16 号铅丝扎制直径为 0.15 m、长约 10 m 的柳把，铅丝扎捆的间距为 0.3 m。用若干条这样的柳把围裹石块（或土），用 12 号铅丝扎成间距为 1.0 m、直径为 0.5 m 的圆柱状柳石枕。若子埝高为 0.5 m，只需 1 个柳石枕置于临水面即可；若子埝高为 1.0 m 或 1.5 m，则需 3 个或 6 个柳石枕叠置于临水面（成品字形），底层第一排柳石枕距临水堤肩为 1.0 m，在柳石枕两端各打一个木桩固定，在该柳石枕下挖深为 10 cm 的条形槽，以免滑动和渗水，然后用黏土填筑埝体，堤顶宽不应小于 1.0 m，边坡为 1：1。若土质差，可适当加宽顶部放缓边坡。

⑤利用防浪墙修筑子堤防护法：一般堤坝都设置了浆砌石防浪墙，可利用防浪墙作为子堤的临水面，在防浪墙后用土袋加固、加高用以挡水。土袋紧靠防浪墙背上叠砌，宽度应满足加高要求，其余做法同土袋子堤抢护法。

42. 决口抢险方法主要有哪些？

发生决口后，在适当时机对口门进行封堵称为堵口抢险。在堤坝尚未完全溃决，或决口时间不长，口门还较窄时，可用大体积物料抓紧时间抢堵，如用篷布加土袋、石块、铅丝石笼等。若堤坝已经溃决，应先在口门两端的堤头做裹头，及时采取保护措施，防止口门进一步扩大，再对口门进行封堵。堵口复堤断面示意详见图4-46。

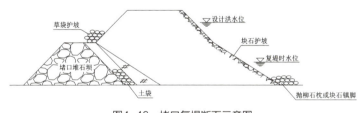

图4-46　堵口复堤断面示意图

堵口方法主要有立堵法和平堵法，也可采用立堵与平堵结合的混合堵的方法。

①立堵：堵口时用土和物料从口门两堤头向中间进占，堵入龙门口，最后进行合拢，有以下几种方法：

第一，填土进堵。从口门两端向中间填土进占，逐步缩窄口门，此时龙口流速较大。可采用打桩，抛块石、土袋和铅丝石笼迅速抢堵合拢，或用直径 20～30 cm 的木桩两根或一根钢轨做横梁，两端固定在龙门口上，横梁前先插一排桩（直径为 10 cm），桩前沉入土工织物石枕，再铺上木块、土工格栅等，上压土袋，逐渐抢堵合拢。合拢后，继续填土筑坝复堤。

第二，打桩进堵。对土质较好，水深 2.0～3.0 m 的龙门口，沿选定的堵口坝线，打 2～4 排桩，桩排距为 1.5 m 左右，桩距 0.5～1.0 m，入土深度为桩长的 1/3～1/2，桩顶用木杆纵横连接捆牢。在下游最后一排桩后，加打支撑桩。也可采用钢管脚手架，钢管入土深度 1.5 m 左右，钢管纵横连接，再设置钢管支撑。支撑与钢管桩及纵横钢管用锁扣连接。在排桩之间，沉入土工织物石枕，再压入木块、土工格栅等，最后抛填土袋合拢；龙口流速过大时，可用抛铅丝石笼合拢的方法，再用土工织物软体排或土袋堵漏，前后填土戗闭气。

②平堵：堵口时，沿口门选定堵口坝线，利用架设施工便桥或船在口门平抛物料，逐层填高，直至高出水面，堵口成功。

架桥平堵的具体做法是：首先架桥，沿选定的堵口坝线，做桩式简支桥，每隔 3.0 m 打桩一排，每排 4 根桩，间距为 2.0～3.0 m，在每排桩侧加斜支撑，桩顶连接成桥面；接着铺底，即在桥的下游面，先用土工织物（或软体排）、钢丝网等平铺于河底，以防冲刷；最后投料，从桥上运送物料全线抛投，在抛填物料时，应按反滤要求，由下游背水处至上游临水面依次铺填粗物料、碎石、砾石和中粗砂。待抛填物高出

上游水位后，再在临水面抛土截断渗流。

抛料船平堵法中的河底铺网及抛填物料具体做法参照架桥平堵法。

③混合堵：混合堵是立堵与平堵相结合的堵口方式。堵口时，根据口门的具体情况和立堵、平堵的不同特点，因地制宜，灵活采用。如在开始堵口流量较小时，可用立堵快速进占，口门缩小流速增大后，再采用平堵的方式，减小施工难度。

43. 风浪险情抢护方法主要有哪些？

①挂柳防浪法：在水流冲击或风浪拍击下，堤身边坡或坡脚开始被淘刷时，可用挂柳抢险方法缓和浪势，减缓流速，阻淤防塌。

具体做法：用 6 号铅丝或绳缆将柳树头根部拴在堤顶预先打好的木桩上，然后树梢向下，推柳树入水。柳枝紧贴堤坡，将提升缓流落淤效果。

推柳树入水时，须用铅丝或麻绳将大块石或沙袋捆扎在树杈上，使树枝紧贴堤坡不再漂浮。如图 4-47 所示。

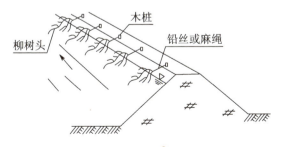

图4-47　挂柳防浪法示意图

②挂枕防浪法：挂枕防浪时具体做法是：用柳枝、芦苇或秸秆扎成直径为 0.5～0.8 m 的枕，长短可根据河段弯曲情况而定。在堤坝距临水堤肩 2.0～3.0 m 外打 1 m 长木桩一排，间距为 3.0 m。将枕用绳缆与木桩系牢后，把枕沿堤坡推入水中。枕入水后，使其漂浮于距堤 2.0～3.0 m（相当于 2～3 倍浪高）的地方。随着水位涨落，随时调整绳缆，使之保持这个距离，可起到消浪的作用。如风浪较大，一枕不足以抵御风浪冲刷时，也可以将几个枕用绳子相互连接，做成枕排，又称为连环枕。如图 4-48 所示。

图4-48　挂枕防浪法示意图

③木排防浪法：此法用料多、成本高，仅在重要处且有料源的条件下才采用。

具体做法：木排排列的方向应当和波浪传来的方向相垂直。木排的厚度为水深的 1/20～1/10 时，消浪的效果最佳。木排离堤坝的距离为浪高的 2～3 倍时，挡浪的作用最大。如距离堤坝太近，木排很容易和堤坝相冲撞；如距离堤坝太远，木排以内的水面增宽，挡浪效果大减。在竹源丰富的地区，可采用竹排代替木排防浪，其效果亦佳。如图 4-49 所示。

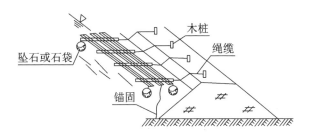

图4-49　木排防浪法示意图

④土（石）袋防浪法：用编织袋、麻袋或草袋装土、沙、碎石或碎砖等，平铺在迎水堤坡上，装袋要求参照土袋子堤抢护法。此法适用于土堤抗冲能力差，缺少柳枝、秸秆等材料，风浪冲击较严重的堤段，4级风浪可用土、沙袋，6级以上风浪应使用石袋。

具体做法：放置土袋前，将水较浅的堤坡适当削平，并铺上土工织物，也可铺上一层厚约0.1 m的草，作为反滤层，在风浪冲击的范围内摆放土袋，袋口朝向堤坡，互相叠压，以高出水面1.0 m或略高于浪高为宜。如堤坡稍陡或土质太差，土袋容易滑动，可在最下层土袋前打一排木桩，长约1.0 m，木桩间距为0.3～0.4 m。如图4-50所示。

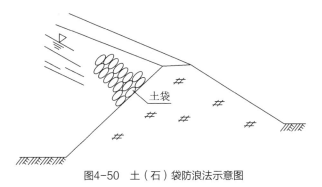

图4-50　土（石）袋防浪法示意图

⑤土工织物（土工膜）防浪法：铺设土工织物前，应清除堤坡上的块石、土块、树枝等杂物，以免织物受损。土工织物宽度一般不小于 4.0 m，有的可达 8.0 ~ 9.0 m，可根据需要预先粘贴、焊接，顺堤格搭接的长度不小于 1.0 m，土工织物上沿一般应高出洪水位 1.5 ~ 2.0 m。土工织物四周可用 20 cm 厚的预制混凝土块或碎石袋（土袋不宜）镇压，如堤坡过陡，要注意预制混凝土块或碎石袋向下滑脱。在险情紧迫时，应适当多压些。此外，每隔 2.0 ~ 3.0 m，也可顺堤坡将土工织物叠缝成条形土枕，内填砂石料。

五 水库工程主要险情抢护方法

　　水库险情抢护的总原则是确保水库大坝安全，确保下游重要设施和人民群众生命财产安全，尽可能降低水库水位，必要时转移下游群众，采取简单实用和科学有效的措施控制险情，减少损失。

44. 渗漏险情抢护方法主要有哪些？

　　①临水截渗法：临水截渗法有黏土前戗截渗法、桩柳（土袋）前戗截渗法、土工膜截渗法等，具体做法参照堤防渗水抢护方法。

　　②背水导渗法：将坝身或坝基内的渗水顺利地排出坝外，使土体的土粒保持稳定，不被带走。背水导渗法分为：背水反滤导渗沟法、背水反滤层法、透水后戗法等，具体做法参照堤防渗水抢护方法。

45. 管涌险情抢护方法主要有哪些?

管涌险情抢护方法有：反滤层压盖法、反滤围井法、减压围井法、透水压渗台法、水下管涌抢护法等，具体做法参照堤防管涌抢护方法。

46. 流土险情抢护方法主要有哪些?

流土险情抢护方法参照管涌险情抢护。此外，流土险情抢护可在隆起的部位，铺麦秸或稻草一层，厚 10~20 cm，其上再铺一层厚 20~30 cm 的柳枝或秸秆，当厚度超过 30 cm 时，可横竖分层铺放，然后在其上压土袋或块石。

47. 裂缝险情抢护方法主要有哪些?

裂缝险情抢护方法有：开挖回填法、横墙隔断法、封堵缝口法等，具体做法参照堤防裂缝抢护方法。

48. 塌陷险情抢护方法主要有哪些?

塌陷发生后，应迅速分析产生塌陷的原因，按塌坑类型确定抢护方案。干塌坑可采用翻填夯实法修理，湿塌坑可采用填塞封堵或导渗回填等方法进行修理。

塌坑抢护方法有：翻填夯实法、填塞封堵法、填筑滤料法，具体做法参照堤防陷坑（跌窝）抢护方法。

49. 滑坡险情抢护方法主要有哪些?

　　滑坡险情的抢护方法有：固脚阻滑法、滤水土撑法、滤水后戗法、滤水还坡法、临水截渗法等，具体做法参照堤防还坡抢护方法。

50. 剥落险情抢护方法主要有哪些?

　　为防止土坝的迎水和背水坡护坡破坏范围扩大和险情恶化，可立即采取临时应急性的抢护，主要抢护方法如下。

　　①沙袋抢护法：当风浪不大，局部护坡松动、脱落，但垫层未被淘刷时，可用沙袋盖压毁坏部位，盖压范围要超过松动或脱落边缘 0.5~1.0 m，厚度应不少于 2 层，并纵横交错。如垫层和坝体已被淘刷，在盖压沙袋前，应先抛填 0.3~0.5 m 厚砂卵石或砂砾石。

　　②抛石抢护法：当风浪较大，局部护坡已出现坍塌时，采用抛石盖压抢护法。石层越厚，石料越大，抛石体越稳定。如垫层及坝体已被淘刷，抛石前最好先铺填一层卵石或碎石。

　　③石笼抢护法：当风浪特大、护坡破坏较严重，非上述两种抢护方法所能抗御时，可放置块石铅丝笼（或块石竹片笼）盖压。预制好铅丝笼后，装入块石，然后用铅丝系着石笼的两端，用木棍撬到指定的位置。如破坏面积较大，可以将数个石笼并列放置，石笼间用铅丝扎牢，连成整体，防止滑动。

51. 冲刷与淘刷险情抢护方法主要有哪些?

①泄水建筑物下游发生冲刷破坏时,应以块石(尺寸大的为佳)、土袋等进行抢护,也可采用抬高尾水位的办法以缩小上下游水位差,减少冲刷。②溢洪道泄水时,应派专人负责检查溢洪道的护底及两岸墙体有无险情发生。溢洪道易发生在结构最薄弱处被冲刷破坏,往往从陡坡下部、水流最急的地方开始,逐渐向上游扩展。因此,一旦发现有局部被冲坏时,如果溢水量不大,应立即在溢洪口将来水堵住,使之暂时断流,在被冲坏的地方实施紧急抢护,抢护完成后再进行正常泄水。如情况紧急,无法将溢洪道口临时堵住并使之断流,则在被冲坏的位置大量抛填石料及土袋等,尽量使被冲坏的范围不再扩大,待退水后再行修复。

52. 闸门工作故障抢险方法主要有哪些?

当涵闸闸门发生事故,出现不能关闭、不能完全关闭或闸门损坏,又有大量漏水必须抢修时,如无检修闸门,可采取以下应急措施。

①钢、木叠梁堵口:如闸身设有事故检修闸门门槽而无检修闸门时,可临时调用钢、木叠梁逐条放入门槽,如漏水仍较严重,可再将土(沙)袋放在闸门的前后,堵塞孔口。

②钢筋网堵口:钢筋网的形状一般为长方形或正方形,其长度和宽度均应大于进水口长度和宽度的两倍以上。先架浮桥作为通道,在进水口前扎排,并加以固定,然后在排上

将钢筋网沉下。待压盖住进水口后，随即将预先准备的麻袋、草袋抛下，堵塞网格。若漏水量显著减少，即沉堵成功。根据情况，如需断流闭气，可在土袋堆体上加抛散土。

③钢筋混凝土管堵口：当闸门不能完全关闭时，采用直径大于闸门开度 20 ~ 30 cm、长度略小于闸孔净宽的钢筋混凝土管封堵。钢筋混凝土管的外围包扎一层棉絮或棉毯，用铅丝捆紧，然后用钢丝绳穿过钢管，在闸门上游将钢筋混凝土管缓缓放下，在水压力的作用下将孔封堵住，再用土袋和散土断流闭气。

53. 启闭机工作故障抢险方法主要有哪些？

①闸门启闭失灵、运用失控的抢堵：立即吊放检修闸门或叠梁，如还漏水，可在检修闸门或叠梁前，铺放篷布和抛填土袋、加灰渣或土料，利用水的吸力堵住。待不漏水后，再对工作闸门启闭设备、钢丝绳等进行抢修或更换。如无检修闸门及门槽，可根据工作门槽或闸孔的跨度，焊制一框架，框架网格为 0.2 m × 0.2 m，并将框架吊放卡在闸门前，然后在框架前抛填柳石（土）枕、土袋，直至高出水面，并在土袋前抛黏土或用灰渣闭气。如遇闸门卡死，不能提起时，采用泄洪洞泄流。

②闸门漏水抢堵：由于闸门安装不好或年久失修，漏水比较严重，需要临时抢堵时，可在关门挡水的条件下，从闸门上游接近闸门处，用沥青麻丝、棉纱团、棉絮等堵塞缝隙，

并用木楔将闸门挤紧。也可在闸门临水面水中投放灰渣，利用水的吸力堵漏。如是木闸门漏水，也可用木条、木板、布条或柏油进行修补或堵塞。

③启闭机螺杆弯曲抢修：闸门启闭使用手动和电动两用螺杆启闭机，因开度指示器不准确、限位开关失灵，电机接线相序错误、闸门底部有石块等障碍物，或因超标准运用、工作水头超过设计水头，致使启闭力过大，超过螺杆许可压力，引起螺杆纵向弯曲。其抢修方法为：其一，在不能将螺杆从启闭机拆下时，可在现场用活动扳手、千斤顶、支撑杆及钢撬杆等器具进行矫直。其二，将闸门与螺杆的连接销或螺栓拆除，把螺杆向上提升，使弯曲段靠近启闭机。在弯曲段的两端，依靠闸室侧墙设置反向支撑，然后用千斤顶在弯曲凸面缓慢加压，将弯曲段矫直。其三，若螺杆直径较小，经拆卸并支承定位后，可用手动螺杆矫正器将弯曲段矫直。

参考文献

[1] 汛期安全避险 不可不知道的事 [J]. 湖南安全与防灾，2020(07)：58-59.

[2] 苏军阳. 暴雨引发原因及其特性 [J]. 黑龙江水利科技，2012(001)：204.

[3] 湖北省人民政府. 湖北省气象灾害预警信号发布与传播管理办法 [EB/OL].http：//www.hubei.gov.cn/zfwj/szfl/201112/t20111210_1711102. shtml.

[4] 中央政府门户网站. 四川盆地黄淮有较强降水 南方地区高温趋于结束 [EB/OL].http：//www.gov.cn/gz.2012-08-20/2021-05-10.

[5] 杨先贵，李献新，汪大山，等. 湖北电网统调水电水库调度运行控制分析 [J]. 湖北电力，2010，034(B12)：98-101.

[6] 豆丁网. 防汛抗旱知识整理 [DB/OL].http：//wenku.baidu.com.2012-09-30/2021-05-10.

[7] 牛运光. 工程防汛抢险要则 [J]. 水利建设与管理，1999(03)：27-32.

[8] 中华人民共和国国家市场监督管理总局，中国国家标准化管理委员会.GB/T 22482—2008 水文情报预报规范 [S]. 北京：中国标准出版社，2008.

[9] 应急管理部官网. 科普·自然灾害 [EB/OL].https：//www.mem.gov. cn/kp/zrzh/.2018-04-18/2021-05-10.

[10] 编委会. 中国水利百科全书 [M]. 北京：水利水电出版社，2004.

[11] 浙江省人民政府办公厅. 浙江省防御洪涝台灾害人员避险转

移动法 (浙江省人民政府令 247 号)[EB/OL].http：//www.zj.gov.cn.2008–07–08/2021–05–10.

[12] 豆丁网 . 水灾自救常识 [DB/OL].https：//www.docin.com/p–455823968.html.2012–08–06/2021–05–10.

[13] 姚佳，甘德欣 .GIS 在风景名胜区规划中的应用研究 [J]. 湖南农业大学学报 (自然科学版)，2012(S1)：182–185.

[14] 方玄昌 . 梧州：中国地灾样本 [J]. 中国新闻周刊，2006（22）：694.

[15] 豆丁网 . 山洪灾害防御知识培训材料 [DB/OL].https：//www.docin.com/p–695480962.html.2013–08–31/2021–05–10.

[16] 豆丁网 . 山洪灾害防治及防御自救基本常识 [DB/OL].https：//jz.docin.com/p–658465189.html.2013–05–27/2021–05–10.

[17] 中华人民共和国国务院 . 中华人民共和国抗旱条例 [Z].2009–02–26.

[18] 易和，张季超，陈大宾，等 . 广东科学中心灾害剧场概念设计 [J].建筑技术，2011，42(003)：266–268.

[19] 赵艾凤，张予潇 . 水资源税对用水量和用水效率的影响研析——以水资源税试点扩围为准自然实验 [J]. 税务研究，2021(2)：7.

[20] 张岚 . 水利工程基本情况普查工作重点和注意事项 [J]. 中国水利，2011(18)：36–38+41.

[21] 马丽 . 水利工程施工及施工过程中生态环境保护分析 [J]. 科技风(11)：2.

[22] 水利部 . 蓄滞洪区安全与建设指导纲要 [Z].1988–10–26.

[23] 黄昌林 . 洞庭湖防洪治涝方略与实践 [M]. 长沙：湖南科学技术出版社，2016.

[24] 国家防汛抗旱总指挥部办公室 . 防汛抗洪专业干部培训教材 [M].北京：中国水利水电出版社，2010.